编 委 会

高职高专项目导向系列教材

仪器分析技术

刘永生　主编

王英健　主审

化学工业出版社

·北京·

本教材根据高等职业教育"仪器分析技术"的课程标准编写。全书共分六个情境，包括：紫外-可见分光光度法、原子吸收分光光度法、电位分析法、库仑分析法、气相色谱法等。各情境后列有知识窗和习题，分别对各情境的检验方法进行了详细介绍及知识巩固训练。

本书可作为高职工业分析与检验专业及相关专业的教材，也可作为分析化验人员业务培训用书及参考资料。

图书在版编目（CIP）数据

仪器分析技术/刘永生主编 . —北京：化学工业
出版社，2012.7（2025.2重印）
高职高专项目导向系列教材
ISBN 978-7-122-14445-4

Ⅰ．仪… Ⅱ．刘… Ⅲ．仪器分析-高等职业教
育-教材 Ⅳ．O657

中国版本图书馆 CIP 数据核字（2012）第 117608 号

责任编辑：张双进　　　　　　　　　　　　文字编辑：李　玥
责任校对：吴　静　　　　　　　　　　　　装帧设计：刘丽华

出版发行：化学工业出版社（北京市东城区青年湖南街 13 号　邮政编码 100011）
印　　装：北京科印技术咨询服务有限公司数码印刷分部
787mm×1092mm　1/16　印张 9½　字数 227 千字　2025 年 2 月北京第 1 版第 5 次印刷

购书咨询：010-64518888　　　　　　　　　售后服务：010-64518899
网　　址：http://www.cip.com.cn
凡购买本书，如有缺损质量问题，本社销售中心负责调换。

定　　价：27.00 元　　　　　　　　　　　　　版权所有　违者必究

序

辽宁石化职业技术学院是于 2002 年经辽宁省政府审批，辽宁省教育厅与中国石油锦州石化公司联合创办的与石化产业紧密对接的独立高职院校，2010 年被确定为首批"国家骨干高职立项建设学校"。多年来，学院深入探索教育教学改革，不断创新人才培养模式。

2007 年，以于雷教授《高等职业教育工学结合人才培养模式理论与实践》报告为引领，学院正式启动工学结合教学改革，评选出 10 名工学结合教学改革能手，奠定了项目化教材建设的人才基础。

2008 年，制定 7 个专业工学结合人才培养方案，确立 21 门工学结合改革课程，建设 13 门特色校本教材，完成了项目化教材建设的初步探索。

2009 年，伴随辽宁省示范校建设，依托校企合作体制机制优势，多元化投资建成特色产学研实训基地，提供了项目化教材内容实施的环境保障。

2010 年，以戴士弘教授《高职课程的能力本位项目化改造》报告为切入点，广大教师进一步解放思想、更新观念，全面进行项目化课程改造，确立了项目化教材建设的指导理念。

2011 年，围绕国家骨干校建设，学院聘请李学锋教授对教师系统培训"基于工作过程系统化的高职课程开发理论"，校企专家共同构建工学结合课程体系，骨干校各重点建设专业分别形成了符合各自实际、突出各自特色的人才培养模式，并全面开展专业核心课程和带动课程的项目导向教材建设工作。

学院整体规划建设的"项目导向系列教材"包括骨干校 5 个重点建设专业（石油化工生产技术、炼油技术、化工设备维修技术、生产过程自动化技术、工业分析与检验）的专业标准与课程标准，以及 52 门课程的项目导向教材。该系列教材体现了当前高等职业教育先进的教育理念，具体体现在以下几点：

在整体设计上，摈弃了学科本位的学术理论中心设计，采用了社会本位的岗位工作任务流程中心设计，保证了教材的职业性；

在内容编排上，以对行业、企业、岗位的调研为基础，以对职业岗位群的责任、任务、工作流程分析为依据，以实际操作的工作任务为载体组织内容，增加了社会需要的新工艺、新技术、新规范、新理念，保证了教材的实用性；

在教学实施上，以学生的能力发展为本位，以实训条件和网络课程资源为手段，融教、学、做为一体，实现了基础理论、职业素质、操作能力同步，保证了教材的有效性；

在课堂评价上，着重过程性评价，弱化终结性评价，把评价作为提升再学习效能的反馈工具，保证了教材的科学性。

目前，该系列校本教材经过校内应用已收到了满意的教学效果，并已应用到企业员工培训工作中，受到了企业工程技术人员的高度评价，希望能够正式出版。根据他们的建议及实际使用效果，学院组织任课教师、企业专家和出版社编辑，对教材内容和形式再次进行了论证、修改和完善，予以整体立项出版，既是对我院几年来教育教学改革成果的一次总结，也希望能够对兄弟院校的教学改革和行业企业的员工培训有所助益。

感谢长期以来关心和支持我院教育教学改革的各位专家与同仁，感谢全体教职员工的辛勤工作，感谢化学工业出版社的大力支持。欢迎大家对我们的教学改革和本次出版的系列教材提出宝贵意见，以便持续改进。

辽宁石化职业技术学院　院长

2012 年春于锦州

前言

本教材根据高等职业教育"仪器分析技术"的课程标准，在总结多年的教学改革经验的基础上编写而成。

全书共分六个情境，包括：紫外-可见分光光度法、原子吸收分光光度法、电位分析法、库仑分析法、气相色谱法等。本书可作为高职工业分析与检验专业及相关专业的教材，也可作为分析化验人员业务培训用书及参考资料。

本教材针对目前高职教育的特色和企业需求编写，与企业深度合作，邀请企业专家指导。注重学生操作技能培养。本教材适合"教学做一体化"和"情境教学法"教学模式，这正是目前高职教材一个重大突破，也可引导部分尚未具备上述教学模式的院校进行相应的改革，还可让自学人员易学易用。其主要特色如下。

（1）与企业深度合作，基于工作过程，以工作任务为载体；注重理论与实际相结合，以具体样品的分析、检验为载体；力求贴近实际工作，更符合高职培养目标。

（2）制定任务单，教学做一体化：设计了教学任务单，该任务单包含了引用国标、溶液配制、仪器操作方法、操作步骤、理论学习、拓展应用等，可大大提高学生的学习主动性和目的性。

（3）技能训练和课后习题有机结合：在完成工作任务后，配备了课后习题，以巩固和检验所学知识和技能，增强学生的应用能力、提高技能的迁移能力。

（4）操作能力、分析能力和解决问题的能力统一：将具有代表性的仪器操作规程、技巧、安全注意事项和常见故障处理融入教材，以培养学生的自主学习能力，提高学生分析问题和解决问题的能力。

（5）全部实验内容依据国家和行业的最新标准编写。

本教材由辽宁石化职业技术学院刘永生编写，王英健主审。编写过程中得到中国石油锦州石化公司质检部的何丽萍、张丽霞、赵健、崔文亮、潘振宇等企业专家的指导，一并表示感谢！本教材所参考的资料均列入参考文献，在此向原著作者致谢！

由于编者水平有限，书中难免有不妥之处，欢迎专家和读者批评指正！

编者

2012 年 4 月

目录

情境引入

新员工。

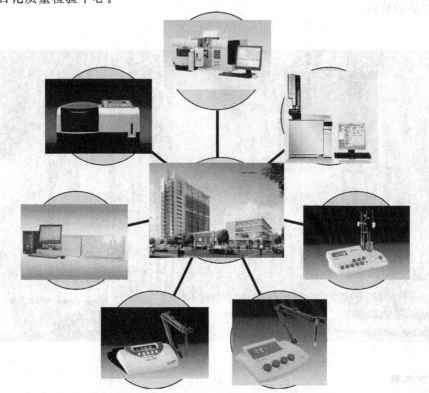

我是一名工业分析与检验专业的应届高职毕业生，被企业直接从学校招聘到企业工作，对于这个新的环境充满好奇，希望能够完成上级交给的各项工作任务。

2. 我的单位

辽宁石化质量检验中心。

3. 我的岗位

化学检验岗位。

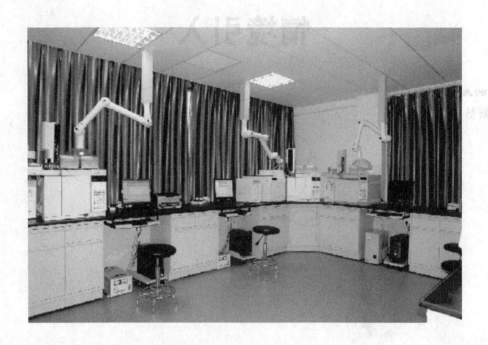

4. 我的任务

委托样品的检验。

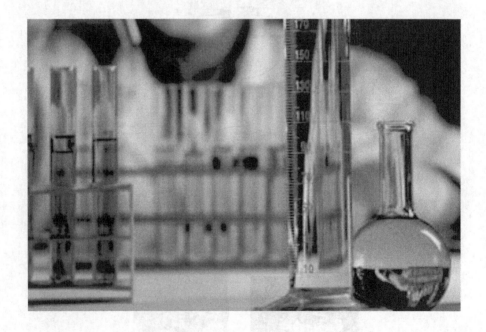

5. 我的工作流程

我的工作流程如下。

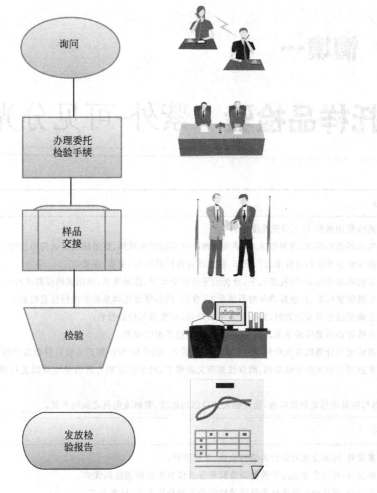

6. 我的职业技术职务

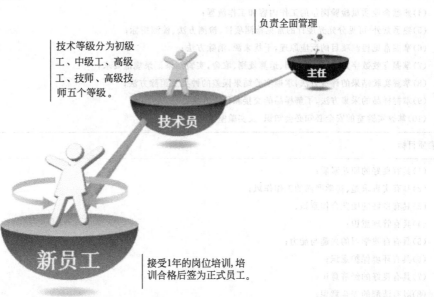

负责全面管理

技术等级分为初级工、中级工、高级工、技师、高级技师五个等级。

接受1年的岗位培训,培训合格后签为正式员工。

情境一

委托样品检验 （紫外-可见分光光度法）

能力目标

(1)能熟练使用紫外-可见分光光度计；

(2)能对仪器进行调试、维护和保养，能准确判断仪器的常见故障，能排除仪器的简单故障；

(3)能按国家标准和行业标准进行采样，能规范进行样品记录、交接、保管；

(4)能正确熟练使用天平(托盘天平、分析天平或电子天平)称量药品，使用玻璃仪器进行药品配制；

(5)能根据国家标准、行业标准等对石油化工、食品、药品等委托样品检验进行质量检验；

(6)能正确规范记录实验数据，熟练计算实验结果，正确填写检验报告；

(7)能正确评价质量检验结果、分析实验结果和误差并消除误差；

(8)能熟练使用计算机查找资料、使用 PPT 汇报展示、使用 WORD 整理实验资料和总结结果；

(9)能掌握课程相关的英语单词，阅读仪器英文说明书，对于英语能力高的学生可以进行简单的仪器使用相关的英文对话；

(10)能与组员进行良好的沟通，能流畅表达自己的想法，能解决组员之间的矛盾。

知识目标

(1)掌握紫外-可见分光光度计的结构组成、工作原理；

(2)了解紫外-可见分光光度计的种类及同种分析仪器的性能的差别优劣；

(3)掌握紫外-可见分光光度计进行质量检验的实验分析方法、计算公式；

(4)熟悉企业质量检验岗位的工作内容和工作流程；

(5)熟悉紫外-可见分光光度计的常见检测项目、检测方法、检测指标；

(6)掌握常见检测项目的反应原理、干扰来源、消除方法；

(7)掌握有效数字定义、修约规则、运算规则、取舍，实验结果记录规范要求；

(8)掌握实验结果的评价方法，掌握实验结果误差的种类及消除方法；

(9)掌握样品的采集方法，了解样品的交接和保管方法；

(10)掌握实验室的安全必知必会知识，及实验室管理知识。

素质目标

(1)具有良好的职业素质；

(2)具有实事求是、科学严谨的工作作风；

(3)具有良好的团队合作意识；

(4)具有管理意识；

(5)具有自我学习的兴趣与能力；

(6)具有环境保护意识；

(7)具有良好的经济意识；

(8)具有清醒的安全意识；

(9)具有劳动意识；

(10)具有一定计算机、英语应用能力。

子情境一　食品添加剂碳酸钠中铁含量的测定（标准曲线法）

一、采用标准

GB 1886—2008 食品添加剂　碳酸钠

GB/T 3049—2006 工业用化工产品　铁含量测定的通用方法　1,10-菲啰啉分光光度法。

二、方法原理

用抗坏血酸将试液中的 Fe^{3+} 还原成 Fe^{2+}。在 pH 值为 2～9 时，Fe^{2+} 与 1,10-菲啰啉生成橙红色配位化合物，在分光光度计最大吸收波长（510nm）处测定吸光度。

三、仪器试剂

1. 仪器

① 一般实验室仪器。

② 分光光度计 1 台，带有光程为 1cm 的比色皿。

2. 试剂

在未注明其他要求时，所用试剂和水为分析纯试剂和 GB/T 6682—2008 中规定的三级水。

① 盐酸溶液（1+1）：将 50mL 质量分数为 38% 的盐酸用水稀释至 100mL，并混匀（操作时要小心）。

② 氨水溶液（2+3）：将 40mL 质量分数为 25% 的氨水用水稀释到 100mL，并混匀。

③ 乙酸-乙酸钠缓冲溶液（pH=4.5，20℃）：称取 164g 无水乙酸钠用 500mL 水溶解，加 240mL 冰乙酸，用水稀释至 1000mL。

④ 抗坏血酸（100g/L）：称取 10g 抗坏血酸，用水溶解并稀释至 100mL（该溶液一周后不能使用）。

⑤ 1,10-菲啰啉溶液（1g/L）：称取 1g 1,10-菲啰啉用 20mL 无水乙醇溶解，并用水稀释至 1000mL（避光保存，使用无色溶液）。

⑥ 铁标准储备溶液（0.400mg/mL）：称取 3.454g 十二水硫酸铁铵，精确至 0.001g，用约 200mL 水溶解，定量转移至 1000mL 容量瓶中，加 20mL 硫酸溶液（1+1），稀释至刻度并摇匀。

⑦ 铁标准使用溶液（0.040mg/mL）：移取 25.00mL 铁标准储备溶液至 250mL 容量瓶中，稀释至刻度并摇匀（该溶液现用现配）。

四、分析步骤

1. 试料的制备

称取约 10g 试样，精确到 0.01g，置于烧杯中，加少量水润湿，盖上表面皿，滴加 35mL 盐酸溶液，煮沸 3～5min，冷却（必要时过滤），全部移入 250mL 容量瓶中，用水稀释至刻度，摇匀。

2. 空白溶液的制备

量取 7mL 盐酸溶液，置于 100mL 烧杯中，滴加氨水溶液中和至中性（用精密 pH 试纸检验），用蒸馏水稀释至 50mL。

3. 工作曲线的绘制

① 标准比色溶液的配制：在一系列 100mL 容量瓶中，分别加入 0.00mL、2.00mL、

4.00mL、6.00mL、8.00mL、10.00mL 的铁标准使用溶液。

② 显色：用水稀释至约 60mL，用盐酸溶液调至 pH＝2（用精密 pH 试纸检查）。加入 1mL 抗坏血酸溶液，然后加 20mL 缓冲溶液和 10mL 1,10-菲啰啉溶液，用水稀释至刻线，摇匀。放置不少于 15min。

③ 吸光度的测定：选择 1cm 比色皿，于最大吸收波长处（约 510nm），以水为参比，将分光光度计的吸光度调整到零，进行吸光度测量。

④ 绘图：从每个标准比色液的吸光度中减去试剂空白溶液的吸光度，以每 100mL 含 Fe 量（mg）为横坐标，对应的吸光度为纵坐标，绘制工作曲线。

4. 测定

① 显色：用移液管取 50mL 试料和 50mL 空白溶液，分别用盐酸溶液（或氨水溶液）调节至 pH 约为 2（用精密 pH 试纸检验）。分别全部移入 100mL 容量瓶中，加入 1mL 抗坏血酸溶液，然后加 20mL 缓冲溶液和 10mL 1,10-菲啰啉溶液，用水稀释至刻线，摇匀。放置不少于 15min。

② 吸光度的测定：显色后，按 3 步骤③规定的步骤，测定试料和空白溶液的吸光度。

五、数据记录

绘制工作曲线						
加入标准溶液体积/mL	0.00	2.00	4.00	6.00	8.00	10.00
铁的质量/mg						
测得吸光度						
试剂空白的吸光度						
减去试剂空白后吸光度						
相关系数						

试样测定			
试样编号	1	2	3
称量试样质量/g			
测得试液的吸光度			
查得铁的质量/mg			
空白溶液吸光度			
试样中铁的质量分数/%			
试样中铁的质量分数/%			

数据评价			
数据指标		测得数据结果	最终数据结论
质量指标		测得质量结果	最终质量结论

六、结果计算

铁含量以铁（Fe）的质量分数 w 计，数值以％表示，按下式计算：

$$w=\frac{(m_1-m_0)\times 10^{-3}}{m(100-w_0)\left(\dfrac{50}{250}\right)/100}\times 100$$

式中　m_1——根据测得的试料吸光度，从工作曲线上查出的铁的质量的数值，mg；

　　　m_0——根据测得的空白溶液吸光度，从工作曲线上查出的铁的质量的数值，mg；

　　　m——试样的质量，g；

　　　w_0——测得烧失量的质量分数的数值，%。

七、数据评价

在重复性条件下，平行测定结果的绝对差值不大于 0.0005%。

八、结果表示

取平行测定结果的算术平均值为测定结果。

九、质量评价

食品添加剂碳酸钠中铁（Fe）（干基计）的含量为：$w \leqslant 0.0035\%$。

子情境二　有机化工产品三水合乙酸钠中铝含量的测定（标准曲线法）

一、采用标准

GB/T 693—1996 化学试剂　三水合乙酸钠（乙酸钠）。

GBT 23944—2009 无机化工产品中铝测定的通用方法　铬天青 S 分光光度法。

二、方法原理

试样处理后，形成溶液，在 pH 值约 5.5 的乙酸-乙酸钠缓冲介质中，Al^{3+} 与铬天青 S 及溴化十六烷基三甲胺生成蓝色三元配位化合物，于分光光度计波长 640nm 处测定吸光度，计算铝含量。

三、仪器试剂

1. 仪器

① 一般实验室仪器。

② 分光光度计，带有光程为 1cm 的比色皿。

2. 试剂

在未注明其他要求时，所用试剂和水为分析纯试剂和 GB/T 6682—2008 中规定的三级水。

① 乙酸-乙酸钠缓冲溶液（pH 值为 5.5±0.1）：称取 34.0g 三水乙酸钠溶于 450mL 水中，加入 2.0mL 冰乙酸，调至 pH 值为 5.5，用水稀释至 500mL。

② 铬天青 S 溶液（0.25g/L）：称取 0.050g 铬天青 S 溶于 100mL 无水乙醇中，用水稀释至 200mL。

③ 溴化十六烷基三甲胺溶液（0.2g/L）：称取 0.0200g 溴化十六烷基三甲胺，用水溶解，移入 100mL 容量瓶中，稀释至刻度，摇匀。必要时加热助溶。

④ 抗坏血酸溶液（10g/L）：称取 1.0g 抗坏血酸，用水溶解，稀释至 100mL（一星期内使用）。

⑤ 硫酸溶液（1+3）：将 1 体积硫酸缓缓加入 3 体积的水中，混匀。

⑥ 铝标准储备溶液（1mg/mL）：称量 8.797g 十二水硫酸铝钾溶于水，加硫酸溶液（1+3）50mL，移入 500mL 容量瓶中，稀释至刻度，摇匀。

⑦ 铝标准使用溶液（0.001mg/mL）。

a. 移取 10mL 铝标准储备液，置于 100mL 容量瓶中，用水稀释至刻度，摇匀。

b. 移取 1.00mL 步骤（1）配制的溶液，置于 100mL 容量瓶中，用水稀释至刻度，摇匀。此溶液现用现配。

四、分析步骤

1. 试料的制备

称取 10g 样品，精确到 0.01g，用 20mL 水溶解，定量转移至 100mL 容量瓶中，用水稀释至刻度，摇匀。

2. 空白溶液的制备

制备试料的同时，除不加试样外，其他操作和加入的试剂量与试料相同。

3. 工作曲线的绘制

① 移取 0.00mL、1.00mL、2.00mL、4.00mL、6.00mL、8.00mL 和 10.00mL 铝标准使用溶液，分别置于 50mL 容量瓶中，分别加入 1.0mL 抗坏血酸溶液、2.0mL 溴化十六烷基三甲基胺溶液，轻轻混匀，加入 1.0mL 铬天青 S 溶液，轻轻混匀，加入 10.0mL 乙酸-乙酸钠缓冲溶液，摇匀后，用水稀释至刻度。

② 室温下放置 30min，以水为参比，用 1cm 比色皿，于 640nm 波长处测量其吸光度，以加入铝标准溶液中铝的质量（mg）为横坐标，吸光度（减去试剂空白溶液的吸光度）为纵坐标，绘制工作曲线。

4. 测定

移取 10mL 试料和同体积的空白溶液，分别加入 1.0mL 抗坏血酸溶液、2.0mL 溴化十六烷基三甲基胺溶液，轻轻混匀，加入 1.0mL 铬天青 S 溶液，轻轻混匀，加入 10.0mL 乙酸-乙酸钠缓冲溶液，摇匀后，用水稀释至刻度。于工作曲线上查出对应的铝质量。

五、数据记录

绘制工作曲线							
加入标准溶液体积/mL	0.00	1.00	2.00	4.00	6.00	8.00	10.00
铝的质量/mg							
测得吸光度							
试剂空白的吸光度							
减去试剂空白后吸光度							
相关系数							

试样测定			
试样编号	1	2	3
称量试样质量/g			
测得试液的吸光度			
查得铝的质量/mg			
空白溶液的吸光度			
查得铝的质量/mg			
试样中铝的质量分数/%			
试样中铝的质量分数/%			

数据评价			
数据指标	测得数据结果		最终数据结论
质量指标	测得质量结果		最终质量结论

六、结果计算

铝含量以铝（Al）的质量分数 w 计，数值以％表示，按下式计算：

$$w = \frac{(m_1 - m_0) \times 10^{-3}}{m \times \dfrac{V_1}{V}} \times 100$$

式中　m_1——从工作曲线上查得的试料中铝的质量，mg；

　　　m_0——从工作曲线上查得的空白溶液中铝的质量，mg；

　　　V_1——测定时所移取的试料体积，mL；

V——配制的试料总体积，mL；

m——试样的质量，g。

七、数据评价

在重复性条件下，平行测定结果的绝对差值不大于 0.0001％。

八、结果表示

取平行测定结果的算术平均值为测定结果，结果计算中保留两位有效数字。

九、质量评价

无机化工产品三水合乙酸钠中铝的含量为：$w \leqslant 0.0005$％（分析纯或优级纯），$w \leqslant 0.001$％（化学纯）。

子情境三　生活饮用水中铬含量的测定（标准曲线法）

一、采用标准

GB 5749—2006 生活饮用水卫生标准。

GB 7467—87 水质　六铬的测定　二苯碳酰二肼分光光度法。

二、方法原理

在酸性溶液中，六价铬与二苯碳酰二肼反应生成紫红色化合物，于波长 540nm 处进行分光光度测定。

三、仪器试剂

1. 仪器

① 一般实验室仪器。

② 分光光度计，带有光程为 1cm 的比色皿。

2. 试剂

在未注明其他要求时，所用试剂和水为分析纯试剂和 GB/T 6682—2008 中规定的三级水。

① 丙酮。

② 硫酸溶液（1+1）：将 1 体积硫酸缓缓加入 1 体积的水中，混匀。

③ 磷酸溶液（1+1）：将磷酸与水等体积混合。

④ 氢氧化钠溶液（4g/L）：将氢氧化钠 1g 溶于水并稀释至 250mL。

⑤ 铬标准储备液（0.10mg/mL）：称取于 110℃ 干燥 2h 的重铬酸钾（0.2829 ±0.0001）g，用水溶解后，移入 1000mL 容量瓶中，用水稀释至标线，摇匀。

⑥ 铬标准溶液（1.00μg/mL）：吸取 5.00mL 铬标准储备液置于 500mL 容量瓶中，用水稀释至标线，摇匀。使用当天配制此溶液。

⑦ 铬标准溶液（5.00μg/mL）：吸取 25.00mL 铬标准储备液置于 500mL 容量瓶中，用水稀释至标线，摇匀。使用当天配制此溶液。

⑧ 显色剂（Ⅰ）：称取二苯碳酰二肼 0.2g，溶于 50mL 丙酮中，加水稀释至 100mL，摇匀，储于棕色瓶，置于冰箱中。色变深后，不能使用。

四、分析步骤

1. 试料的制备

实验室样品应该用玻璃瓶采集。采集时，加入氢氧化钠溶液，调节样品 pH 值约为 8。

并在采集后尽快测定，如放置，不要超过 24h。

2. 空白溶液

按照试样完全相同的处理步骤制备空白溶液，仅用 50mL 水代替试样。

3. 工作曲线的绘制

① 向一系列 50mL 比色管中分别加入 0.00mL、0.20mL、0.50mL、1.00mL、2.00mL、4.00mL、6.00mL、8.00mL 和 10.00mL 铬标准溶液（1.00μg/mL 或 5.00μg/mL），用水稀释至标线。

② 加入 0.5mL 硫酸溶液和 0.5mL 磷酸溶液，摇匀。加 2mL 显色剂（Ⅰ），摇匀，5～10min 后，在 540nm 波长处，用 1cm 比色皿，以水作参比，测定吸光度。

③ 从测得的吸光度减去空白的吸光度后，绘制以六价铬的质量对吸光度的曲线。

4. 测定

① 取适量（含六价铬少于 50μg）无色透明试样，置于 50mL 比色管中，用水稀释至标线。然后按 3. 中步骤②进行处理。

② 扣除空白溶液测得的吸光度后，从工作曲线上查得六价铬的质量。

五、数据记录

绘制工作曲线							
加入标准溶液体积/mL	0.00	1.00	2.00	4.00	6.00	8.00	10.00
铬的质量/mg							
测得吸光度							
试剂空白的吸光度							
减去试剂空白后吸光度							
相关系数							

试样测定			
试样编号	1	2	3
测得试液的吸光度			
空白溶液吸光度			
减去试剂空白后吸光度			
查得铬的质量/mg			
试样中铬的浓度/(mg/L)			
试样中铬的浓度/(mg/L)			

数据评价			
数据指标		测得数据结果	最终数据结论
质量指标		测得质量结果	最终质量结论

六、结果计算

六价铬含量 c（mg/L）按下式计算：

$$c=\frac{m}{V}$$

式中　m——由校准曲线查得的试样含六价铬量，μg；

　　　V——试样的体积，mL。

七、数据评价

在重复性条件下，平行测定结果的相对标准偏差不大于 0.6%。

八、结果表示

取平行测定结果的算术平均值为测定结果。六价铬含量低于 0.1mg/L，结果以三位小数表示；六价铬含量高于 0.1mg/L，结果以三位有效数字表示。

九、质量评价

生活饮用水中铬（六价）的含量为：不大于 0.05mg/L。

子情境四　饮用天然矿泉水中硝酸盐含量的测定（双波长法）

一、采用标准

GB 8537—2008 饮用天然矿泉水。

GB/T 8538—2008 饮用天然矿泉水检验方法。

二、方法原理

在波长 220nm 处，硝酸盐对紫外线有强烈的吸收，在一定浓度范围内吸光度与硝酸盐的含量成正比。

溶解的有机物在波长 220nm 和 275nm 处均有吸收，而硝酸盐在波长 275nm 处没有吸收，从而可通过测定波长 275nm 处的吸光度对硝酸盐的吸光度进行校正。

三、仪器试剂

1. 仪器

① 一般实验室仪器。

② 紫外-可见分光光度计，带有光程为 1cm 的石英比色皿。

2. 试剂

在未注明其他要求时，所用试剂和水为分析纯试剂和 GB/T 6682—2008 中规定的三级水。

① 无硝酸盐纯水：采用重蒸馏或蒸馏-去离子法制备，用于配制试剂及稀释样品。

② 盐酸溶液（1+11）：将 1 体积盐酸缓缓加入 11 体积的水中，混匀。

③ 硝酸盐标准储备溶液（100μg/mL）：称取 0.1631g 经过 105℃ 干燥 2h 的硝酸钾溶于纯水中并定容至 1000mL，每升中加入 2mL 三氯甲烷，至少可稳定 6 个月。

④ 硝酸盐标准使用溶液（10μg/mL）：吸取 50.0mL 硝酸盐标准储备溶液于 500mL 容量瓶中，用纯水定容。

四、分析步骤

1. 水样预处理

吸取 50.0mL 水样于 50mL 容量瓶中（必要时应用滤膜除去浑浊物质），加 1mL 盐酸溶液酸化。

2. 工作曲线的绘制

① 分别吸取硝酸盐标准使用溶液 0.00mL、1.00mL、5.00mL、10.0mL、20.0mL、30.0mL、35.0mL 于 50mL 容量瓶中，配成 0～7mg/L 硝酸盐标准系列，用纯水稀释至 50mL，各加 1mL 盐酸溶液。

② 用纯水调节仪器吸光度为 0，分别在 220nm 和 275nm 波长测定吸光度。

③ 用波长 220nm 处标准系列溶液的吸光度值减去 2 倍的波长 275nm 处相应的吸光度值，绘制工作曲线。

注：若波长 275nm 处的吸光度值的 2 倍大于波长 220nm 处的吸光度值的 10％时，不适用本法。

3. **测定**

经过水样预处理后的水样，按 2 中步骤②测得吸光度，在工作曲线上直接查得硝酸盐浓度（mg/L）。

五、数据记录

绘制工作曲线							
加入标准溶液体积/mL	0.00	1.00	5.00	10.00	20.00	30.00	35.00
硝酸盐的浓度/(mg/L)							
220nm 测得吸光度							
275nm 测得吸光度							
$A_{220nm} - 2A_{275nm}$							
相关系数							

试样测定			
试样编号	1	2	3
测得吸光度			
220nm 测得吸光度			
275nm 测得吸光度			
$A_{220nm} - 2A_{275nm}$			
查得硝酸盐的浓度/(mg/L)			
试样中硝酸盐的浓度/(mg/L)			
试样中硝酸盐的浓度/(mg/L)			

数据评价			
数据指标	测得数据结果		最终数据结论
质量指标	测得质量结果		最终质量结论

六、结果计算

根据水样在波长 220nm 处标准系列溶液的吸光度值减去 2 倍的波长 275nm 处相应的吸光度值，在工作曲线上直接查得硝酸盐的浓度（mg/L）。

七、数据评价

在重复性条件下，平行测定结果的相对标准偏差不大于 2.0％。

八、结果表示

取平行测定结果的算术平均值为测定结果。

九、质量评价

饮用天然矿泉水中硝酸盐（以 NO_3^- 计）的含量为：小于 45mg/L。

子情境五 化学试剂氟化钠中氯化物含量的测定（目视比浊法）

一、采用标准

GB/T 1264—1997 化学试剂 氟化钠。

GB/T 9729—2007 化学试剂 氯化物测定通用方法。

二、方法原理

在硝酸介质中，氯离子与银离子生成难溶的氯化银。当氯离子含量较低时，在一定时间内氯化银呈悬浮体，使溶液浑浊，可用于氯化物的目视比浊法的测定。

三、仪器试剂

1. 仪器

一般实验室仪器。

2. 试剂

在未注明其他要求时，所用试剂和水为分析纯试剂和 GB/T 6682—2008 中规定的三级水。

① 硝酸溶液（25%）：量取 308mL 硝酸，稀释至 1000mL。

② 硼酸溶液（40g/L）：称取 40.0g 硼酸，溶于水，稀释至 1000mL。

③ 硝酸银（17g/L）：称取 1.7g 硝酸银，溶于水，稀释至 100mL。储存于棕色瓶中。

④ 氯化物标准溶液（0.1mg/mL）：称取 0.165g 于 500～600℃灼烧至恒重的氯化钠，溶于水，移入 1000mL 容量瓶中，稀释至刻度。

四、分析步骤

1. 取样及样品溶液的制备

称取 0.5g 样品，置于塑料杯中。加 15mL 硼酸溶液溶解，加 4mL 硝酸溶液及 1mL 硝酸银溶液，稀释至 25mL，摇匀，放置 10min。

2. 标准比对溶液的制备

分别取 0.10mL、0.25mL 和 0.50mL 氯化物标准溶液与样品同时同样处理。

3. 判定

将样品溶液比色管和标准比对溶液比色管同置于黑色背景上，在自然光下，自上向下观察。

五、数据记录

试样测定			
试样编号	1	2	3
氯化物的质量/mg			
氯化物的质量/mg			

数据评价				
数据指标		测得数据结果		最终数据结论
质量指标		测得质量结果		最终质量结论

六、结果判定

样品溶液比色管的浊度不大于标准比对溶液的浊度。

七、数据评价

在重复性条件下，平行测定的判定结果要一致。

八、结果表示

氯化钠中氯化物的含量为：不大于 0.010mg（不大于 0.025mg、不大于 0.050mg 或大于 0.50mg）。

九、质量评价

氯化钠中氯化物的含量为：不大于 0.010mg（优级纯），不大于 0.025mg（分析纯），不大于 0.050mg（化学纯）。

子情境六 药品布洛芬胶囊的鉴别（紫外吸收光谱法）

一、采用标准

GB/T 9721—2006 化学试剂 分子吸收分光光度法通则（紫外和可见光部分）。

中国药典（2005 版）。

二、方法原理

不同的有机化合物具有不同的紫外吸收光谱，因此根据有机化合物的紫外吸收光谱的曲线形状、最大吸收波长、最小吸收波长、吸收峰的数量、拐点和最大波长处的摩尔吸光系数等能进行定性鉴别。

三、仪器试剂

1. 仪器

① 一般实验室仪器。

② 紫外-可见分光光度计，带有光程为 1cm 的石英比色皿。

2. 试剂

在未注明其他要求时，所用试剂和水为分析纯试剂和 GB/T 6682—2008 中规定的三级水。

氢氧化钠溶液（0.4%）：称取 0.4g 氢氧化钠，溶于水，稀释至 100mL。

四、分析步骤

1. 试料的制备

取适量药品布洛芬胶囊内固体粉末，加 0.4% 氢氧化钠溶液制成 1mL 中含布洛芬 0.25mg 的溶液。

2. 吸收曲线的测绘

① 使用自动记录型仪器时，可自动扫描给出吸收曲线。

② 使用非自动记录型仪器时，在 220～300nm 波长范围时，每隔 5～10nm 测定一次吸光度，在吸收峰附近时，应每隔 1～2nm 测定一次，以波长为横坐标，相应的吸光度为纵坐标，绘制吸收曲线。

五、数据记录

绘制吸收曲线									
波长/nm	220	230	235						
吸光度									
波长/nm	241	242	243	244	245	246	247	248	249	250
吸光度										
波长/nm	251	252	253	254	255	256	257	258	259	260
吸光度										
波长/nm	261	262	263	264	265	266	267	268	269	270
吸光度										
波长/nm	271	272	273	274	275	276	277	278	279	280
吸光度										
波长/nm	285	290	300							
吸光度										

定性鉴别					
项目	最大吸收1	最大吸收2	最小吸收1	最小吸收2	肩峰
波长/nm					
鉴别结论					

六、定性鉴别

布洛芬溶液（0.25mg/mL）在 265nm 与 273nm 的波长处有最大吸收，在 245nm 与 271nm 的波长处有最小吸收，在 259nm 的波长处有一肩峰。

七、鉴别结论

样品中是否含有布洛芬。

知识窗一　紫外-可见分光光度法

一、概述

紫外-可见分光光度法（UV-Vis spectrophotometry）是根据物质对 200～780nm 波长的单色光的吸收程度不同而对物质进行定性和定量分析的方法。

利用待测溶液本身的颜色或加入试剂后呈现的颜色，用目视比色对溶液颜色深度进行比较，或者用光电比色计进行测量以测定溶液中待测物质浓度的方法，称为比色法，该法只适用于可见光区。随着分光光度计发展为灵敏、准确、多功能的仪器，光吸收的测量从混合光的吸收进展为单波长光的吸收，并从可见光区扩展到紫外和红外区域，比色法发展成为分光光度法。

二、基本原理

1. 物质对光的选择性吸收

（1）光的基本性质

光是一种电磁辐射，具有波粒二象性。光是一种波，具有一定的波长（λ）和频率（ν），光还是一种粒子，光的最小单位是光子，光子具有一定的能量（E），它们两者之间的关系符合普朗克辐射公式：

$$E = h\nu = h\frac{c}{\lambda} \tag{1-1}$$

式中，E 为能量，J；h 为普朗克常数，6.626×10^{-34} J·s；ν 为频率，Hz；c 为光速，真空中约为 3.0×10^8 m/s；λ 为波长，m。

由式(1-1)可知，不同波长的光具有不同的能量。光的波长越长，能量越低；光的波长越短，能量越高。

【例 1-1】　可见光的波长范围为 380～780nm，求其能量范围是多少？（$1eV = 1.602 \times 10^{-19}$J）

解　波长为 380nm 的光子的能量为：

$$E = h\frac{c}{\lambda} = 6.626 \times 10^{-34}\text{J·s}\frac{3.0 \times 10^8 \text{m/s}}{380 \times 10^{-9}\text{m}} = 5.23 \times 10^{-19}\text{J} = 3.3\text{eV}$$

波长为 780nm 的光子能量为：

$$E = h\frac{c}{\lambda} = 6.626 \times 10^{-34}\text{J·s}\frac{3.0 \times 10^8 \text{m/s}}{780 \times 10^{-9}\text{m}} = 2.55 \times 10^{-19}\text{J} = 1.6\text{eV}$$

因此，可见光的光子能量范围为 3.3～1.6eV。

（2）单色光和复合光

理论上，将具有同一波长的光称为单色光（monochromatic light），包含不同波长的光称为复合光（compound light）。通常所说的白光，如日光，也不是单色光，而是由不同波长的光按一定比例混合而成。单色光几乎是不可能获得的，通常将波长范围很窄的复合光作为单色光。

把能对人的视觉系统产生明亮和颜色感觉的电磁辐射称为可见光，其波长范围为 400～780nm。可见光又具有红、橙、黄、绿、青、蓝、紫等各种颜色，每种颜色的光具有不同的波长范围，由不同波长的单色光组分，因此，单一颜色的光并不是单色光。

图 1-1　光色互补

（3）互补色

进一步的研究表明，把两种特定颜色的光按一定比例混合就可以得到白光，这两种特定颜色称为互补色（complementary color）。图 1-1 为光色互补。位于直线两端的两种颜色的光即为互补色，例如，紫色与绿色是互补色，橙色与青蓝色是互补色。

（4）物质的颜色与光的关系

物质的颜色是因物质对不同波长的光具有选择性吸收作用而产生的。当一束白光照射到某一物质上时，如果物质选择性地吸收了某一颜色的光，物质呈现的是互补色光的颜色。例如，$KMnO_4$ 溶液选择性地吸收了白光中的绿色光，透过紫红色光，所以

$KMnO_4$ 溶液呈现紫红色。同理，K_2CrO_4 溶液对可见光中的蓝色光有最大吸收，所以溶液呈蓝色的互补光——黄色。

2. 物质的吸收光谱

紫外-可见吸收光谱主要由分子价电子在电子能级间的跃迁产生，是研究物质电子光谱的分析方法。通过测定分子对紫外-可见光的吸收，可以用于鉴定和定量测定大量的无机化合物和有机化合物。在石油化工工业分析及环境监测所采用的定量分析技术中，紫外-可见分子吸收光谱法是应用最广泛的方法之一。

（1）物质的吸收光谱

广义地讲，凡是按波长顺序排列的电磁辐射都称为光谱。通常把吸光物质对电磁辐射吸收时其透射光的光谱称为吸收光谱。若吸光物质是分子或离子团，则将其吸收光谱称为分子吸收光谱；若吸光物质是原子蒸气，则将其吸收光谱称为原子吸收光谱。根据物质分子所吸收光的波长及能量的不同，可将分子吸收光谱分为：紫外吸收光谱（200～400nm）、可见吸收光谱（400～780nm）、红外吸收光谱（0.78～25μm）。

吸收光谱的绘制方法是：保持待测物质溶液浓度和吸收池厚度不变时，测定不同波长下待测物质溶液的吸光度 A（或透射比 τ），以波长 λ 为横坐标，以吸光度 A（透射比 τ）为纵坐标，绘制得到的曲线称为吸收光谱（absorption spectrum），又称为吸收曲线。它能清楚地描述物质对一定波长范围光的吸收情况。图 1-2 是 $KMnO_4$ 溶液的吸收光谱。

从图 1-2 中可以看出，$KMnO_4$ 溶液对波长 525nm 附近绿色光的吸收最强，而对紫色光和红色光的吸收很弱，所以 $KMnO_4$ 溶液呈紫红色。吸光度 A 最大处的波长叫做最大吸收波长，用 λ_{max} 表示。$KMnO_4$ 溶液的 $\lambda_{max}=525nm$，在 λ_{max} 处测得的摩尔吸光系数为 ε_{max}，ε_{max} 可以更直观地反映用吸光光度法测定该吸光物质的灵敏度。

从图 1-2 中可见，对同一物质，浓度不同时，同一波长下的吸光度 A 不同，但其最大吸收波长的位置和吸收光谱的形状不变。对于不同物质，由于它们对不同波长光的吸收具有选

择性，因此，它们的 λ_{max} 的位置和吸收光谱的形状互不相同，可以据此对物质进行定性分析。

从图 1-2 中还可见，对于同一物质，在一定的波长下，随着浓度的增加，吸光度 A 也相应增大；而且由于在 λ_{max} 处吸光度 A 最大，在此波长下 A 随浓度的增大最为明显。可以据此对物质进行定量分析。

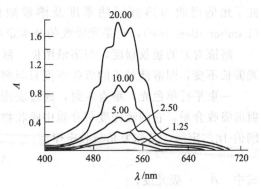

图 1-2 KMnO₄ 溶液的吸收光谱

（2）分子吸收光谱产生的原理

光的吸收是物质与光相互作用的一种形式，物质分子对光的吸收必须符合普朗克条件：只有当入射光能量与物质分子能级间的能量差 ΔE 相等时，才会被吸收，即

$$\Delta E = E_2 - E_1 = h\nu = h\frac{c}{\lambda} \tag{1-2}$$

式中，ΔE 为吸光分子两个能级间的能量差；ν 或 λ 为吸收光的频率或波长；h 为普朗克常数。

分子对光的吸收比较复杂，这是由分子结构的复杂性所引起的。分子中若干电子能级（能量差一般为 $1 \sim 20eV$），在分子同一电子能级中有若干振动能级（能量差 $0.05 \sim 1eV$），而在同一振动能级中又有若干转动能级（能量差小于 $0.05eV$）。由电子能级跃迁而对光产生的吸收位于紫外及可见光部分。在电子能级变化时，不可避免地也伴随着分子振动和转动能级的变化。所以分子吸收光谱是由密集的谱线组成的"带"光谱，而不是"线"光谱。

物质对光的选择吸收，是由于单一物质的分子只有有限数量的量子化能级的缘故。由于各种物质的分子能级千差万别，它们内部各能级间的能级差也不相同，因而选择吸收的性质反映了分子内部结构的差异。

3. 光吸收定律

（1）朗伯-比尔定律的原理

① 透射比和吸光度。当一束平行单色光通过溶液时，一部分被吸收，一部分透过溶液。设入射光通量为 ϕ_0，吸收光通量为 ϕ_{ab}，透射光通量为 ϕ_{tr}，则：

$$\phi_0 = \phi_{ab} + \phi_{tr} \tag{1-3}$$

透射光通量 ϕ_{tr} 与入射光通量 ϕ_0 之比称为透射比（或透光度）（transrnittance），用 τ 表示。

$$\tau = \frac{\phi_{tr}}{\phi_0} \tag{1-4}$$

溶液的透射比愈大，表示对光的吸收愈小；相反，透射比愈小，表示对光的吸收愈大。

透射比倒数的对数称为吸光度（absorbance），用 A 来表示。

$$A = \lg\frac{1}{\tau} = -\lg\tau \tag{1-5}$$

吸光度 A 为溶液吸光程度的度量，其有意义的取值范围为 $0 \sim +\infty$。A 越大，表明溶液对光的吸收越强。

② 朗伯-比尔定律。朗伯（J. H. Lamber）和比尔（A. Beer）分别于 1760 和 1852 年研

究了光的吸收与溶液层的厚度及溶液浓度的定量关系，两者结合称为朗伯-比尔定律（Lamber -Beer law），它是光吸收的基本定律。

溶液对光的吸收程度，与溶液浓度、液层厚度及入射光波长等因素有关。如果保持入射光波长不变，则溶液对光的吸收程度只与溶液浓度和液层厚度有关。

一束平行单色光，垂直入射，通过表面互为平行、内部各向同性、均匀的、不发光不散射的吸收介质，它的吸光度与介质中吸收物质的浓度及吸收介质的光路长度成正比，这就是朗伯-比尔定律，又称为光吸收定律。

$$A = Kbc \tag{1-6}$$

式中　A——吸光度；

　　　K——吸光系数；

　　　b——光路长度；

　　　c——溶液浓度。

式(1-6) 是朗伯-比尔定律的数学表达式。它表明：当一束单色光通过含有吸光物质的溶液后，溶液的吸光度与吸光物质的浓度及吸收层厚度成正比，这是光度法进行定量的依据。

③ 吸光系数。吸光系数是指待测物质在单位浓度、单位厚度时的吸光度，用 K 来表示。按照使用浓度单位的不同，可分为质量系数、摩尔吸光系数、比吸光系数。吸光常数 K 与吸光物质的性质、入射光波长及温度等因素有关。

a. 质量吸光系数　当浓度用 g/L、厚度用 cm 为单位表示，则 K 用另一符号 a 来表示。a 称为质量吸光系数（mass absorptivity），其单位为 L/(g·cm)，它表示质量浓度为 1g/L、液层厚度为 1cm 时溶液的吸光度。这时，式(1-6) 变为：

$$A = ab\rho \tag{1-7}$$

b. 摩尔吸光系数　当浓度 c 用 mol/L、厚度 b 用 cm 为单位表示，则 K 用另一符号 ε 来表示。ε 称为摩尔吸收系数（mol absorptivity），其单位为 L/(mol·cm)，它表示物质的量浓度为 1mol/L、液层厚度为 1cm 时溶液的吸光度。这时，式(1-6) 变为：

$$A = \varepsilon cb \tag{1-8}$$

朗伯-比尔定律一般适用于浓度较低的溶液，所以在分析实践中，不能直接取浓度为 1mol/L 的有色溶液来测定 ε 值，而是在适当的低浓度时测定该有色溶液的吸光度，通过计算求得 ε 值。摩尔吸光系数 ε 反映吸光物质对光的吸收能力，也反映用吸光光度法测定该吸光物质的灵敏度，在一定条件下它是常数。

④ 适用范围。朗伯-比尔定律适用于任何均匀、非散射的固体、液体或气体介质，一般只适用于浓度较低的溶液。

⑤ 吸光度加和性。一束平行单色辐射，垂直入射，通过几种彼此不发生反应的物质所组成的吸收介质时，若该吸收介质的入射、出射面是互为平行的平面，且它内部是各向同性的、均匀的、不发光不散射的，则该吸收介质总的吸光度等于几种特征吸光度的总和，即吸光度具有加和性。吸光度的加合性在多组分的定量测定中极为有用。可用式(1-9) 表示：

$$\begin{aligned} A_{\mathbb{A}}^{\lambda} &= A_1^{\lambda} + A_2^{\lambda} + A_3^{\lambda} + \cdots + A_n^{\lambda} \\ &= \varepsilon_1 bc_1 + \varepsilon_2 bc_2 + \varepsilon_3 bc_3 + \cdots + \varepsilon_n bc_n \end{aligned} \tag{1-9}$$

（2）朗伯-比尔定律的计算

【例 1-2】　用 1,10-菲啰啉分光光度法测定铁，配制铁标准溶液浓度为 $4.00\mu g/mL$，用 1cm 的比色皿在 510nm 波长处测得吸光度为 0.813，求铁（Ⅱ）-菲啰啉配合物的摩尔吸光系数。

解：
$$c_{Fe}=\frac{4.00\times10^{-3}}{55.85}=7.16\times10^{-5}\,mol/L$$

$$\varepsilon=\frac{A}{cb}=\frac{0.813}{7.16\times10^{-5}\,mol/L\times1cm}=1.1\times10^4\,L/(mol\cdot cm)$$

（3）朗伯-比尔定律的影响因素

从式(1-6)可以看出，吸光度与溶液的浓度和液层厚度呈正比。即当吸收池的厚度恒定时，以吸光度对浓度作图应得到一条通过原点的直线。但在实际工作中，测得的吸光度和浓度之间的线性关系常常出现偏差，经常出现标准曲线不成直线的情况，特别是当吸光物质浓度较高时，明显地看到通过原点向浓度轴弯曲的现象（个别情况向吸光度轴弯曲）。这种情况称为偏离朗伯-比尔定律，如图1-3所示。若在曲线弯曲部分进行定量，将会引起较大的误差。在一般情况下，如果偏离朗伯-比尔定律的程度不严重，即标准曲线弯曲程度不严重，该曲线仍可用于定量分析。

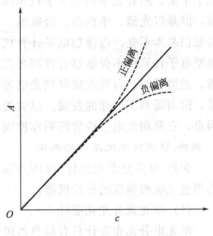

图1-3　标准曲线及对朗伯-比尔定律的偏离

偏离朗伯-比尔定律的原因主要是仪器或溶液的实际条件与朗伯-比尔定律所要求的理想条件不一致，分为以下几类。

① 非单色光引起的偏离。严格说，朗伯-比尔定律只适用于单色光，但由于单色器色散能力的限制和出口狭缝需要保持一定的宽度，所以目前各种分光光度计得到的入射光实际上都是具有某一波段的复合光。由于物质对不同波长光的吸收程度的不同，因而导致对朗伯-比尔定律的偏离。由非单色光引起的偏离一般为负偏离，但也可是正偏离，这主要与测定波长的选择有关。

为克服非单色光引起的偏离，应尽量使用比较好的单色器，从而获得纯度较高的"单色光"，使标准曲线有较宽的线性范围。此外，应将入射光波长选择在被测物质的最大吸收处，这不仅保证了测定有较高的灵敏度，而且由于此处的吸收曲线较为平坦，在此最大吸收波长附近各波长的光的ε值大体相等，因此非单色光引起的偏离相对较小。另外，测定时应选择适当的浓度范围，使吸光度读数在标准曲线的线性范围内。

② 介质不均匀引起的偏离。朗伯-比尔定律要求吸光物质的溶液是均匀的。如果被测溶液不均匀，是胶体溶液、乳浊液或悬浮液时，入射光通过溶液后，除一部分被试液吸收外，还有一部分因散射现象而损失，使透射比减少，因而实测吸光度增加，使标准曲线偏离直线向吸光度轴弯曲。故在光度法中应避免溶液产生胶体或浑浊。

③ 由于溶液本身的化学反应引起的偏离。溶液对光的吸收程度决定于吸光物质的性质和数目，溶液中的吸光物质常因解离、缔合、形成新化合物或互变异构等化学变化而改变其浓度，从而导致偏离朗伯-比尔定律。

④ 溶液浓度。严格地说，朗伯-比尔定律只适用于稀溶液，从这个意义上讲，它是一个有限定条件的定律。在高浓度（＞0.01mol/L）时，将引起吸收组分间的平均距离减小，以致每个粒子都可影响其相邻粒子的电荷分布，导致它们的摩尔吸收系数ε发生改变，从而吸

收给定波长的能力发生变化。由于相互作用的程度与其浓度有关,故使吸光度和浓度间的线性关系偏离了比尔定律。

三、紫外-可见分光光度计

测量紫外线、可见光光区吸光度的仪器目前仍以色散型的紫外-可见分光光度计为主。几十年来,随着光学和电子学技术的发展,仪器的测量精度、功能和自动化程度在不断地提高,但是以光源、单色器、吸收池、检测器、显示系统等五个组件按直线排列方式组合的结构却仍基本不变。以微型电子计算机控制的紫外-可见分光光度计始于 20 世纪 70 年代中期,微型电子计算机不仅能够有控制光度计的操作、运行、自动调整工作参数、实现自动重复扫描、光谱累加、自动收集存储光谱等性能,还能够进一步对数据进行计算、求导和统计处理等,因而得到了迅速的发展。以微处理机控制的新一代的单光束自动扫描型分光光度计现已问世,它利用光电二极管阵列作检测器,具有快速扫描吸收光谱的特点。

1. 紫外-可见分光光度计的类型

紫外-可见分光光度计(UV-Vis spectrophotometer)是量度介质对紫外-可见光区波长的单色光吸收程度的分析仪器。

（1）单光束分光光度计

单光束分光光度计只有单色器色散后的一束单色光,它是通过改变参比池和样品池的位置进行参比溶液和样品溶液的交替测量来测定样品溶液的吸光度。目前国内普遍应用的 721 型和 751 的分光光度计就是属于这类仪器,该类仪器因光源强度波动和检测系统不稳定而能引起测量误差,故必须配备稳压电源。其优点是信噪比高,光学、机械及电子线路结构简单,价格便宜,适于在给定波长处测量吸光度,故常用于定量分析。图 1-4 为 721 型分光光度计的光学系统原理。

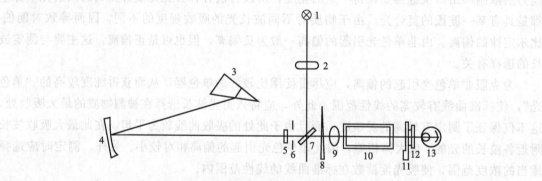

图 1-4　721 型分光光度计的光学系统原理

1—钨灯;2—透镜;3—玻璃棱镜;4—准直镜;5,12—保护玻璃;6—狭缝;
7—反射镜;8—光栏;9—聚光透镜;10—吸收池;11—光门;13—光电管

（2）双光束分光光度计

双光束分光光度计是将单色器色散后的单色光分成两束,一束通过参比池,一束通过样品池,一次测量即可得到样品溶液的吸光度。双光束分光光度计的特点是便于进行自动记录,由于样品和参比信号进行反复比较,消除了光源不稳定、放大器增益变化以及光学和电子学元件对两条光路的影响。

（3）双波长分光光度计

双波长分光光度计可同时提供两种不同波长的单色光,经切光器后,这两束光被分时交替照射于同一样品池，然后由检测器测量和记录样品溶液对波长 λ_1 和 λ_2 两条光束的吸收差 ΔA。一般双波长分光光度计可以双波长方式工作，亦可以单波长双光束的方式工作。

2. 紫外-可见分光光度计的结构

现在许多紫外-可见分光光度计的测定范围可以延长到近红外区。它们通常由 5 个部分组成：

① 光源；

② 单色器；

③ 吸收池；

④ 检测器；

⑤ 显示系统。紫外-可见分光光度计构造框图如图 1-5 所示。各种分光光度计尽管构造各不相同，但其基本构造都相同。其中光源用来提供可覆盖广泛波长的复合光，复合光经过单色器转变为单色光。待测的吸光物质溶液放在吸收池中，当光通量为 ϕ_0 的单色光通过时，一部分光被吸收，光通量为 ϕ_{tr} 的透射光照射到检测器上，检测器实际上就是光电转换器，它能把接收到的光信号转换成电流，而由电流检测计检测，或经 A/D 转换由计算机直接采集数字信号进行处理。下面对分光光度计的主要部件进行简单介绍。

图 1-5　分光光度计构造框图

（1）光源

光源（light source）是能发射所需波长的光的器件。光源应满足的条件有：在仪器的工作波段范围内可以发射连续光谱；具有足够的强度，其能量随波长变化小；稳定性好；使用寿命长。

① 可见光。在可见光和近红外区的常用光源为白炽光源，如钨灯和碘钨灯等。钨灯可使用的范围在 320～2500nm。在可见光区，钨灯的能量输出大约随工作电压的四次方而变化，为了使光源稳定，必须严格控制电压。碘钨灯是在钨灯泡中引入了少量的碘蒸气，以防止在高温下工作时，钨蒸气不断在冷的灯泡内壁沉积，从而延长了灯的使用寿命。

② 紫外线。紫外线区主要采用氢灯、氘灯和氙灯等放电灯。当氢气压力为 10^2 Pa 时，用稳压电源供电，放电十分稳定，因而光强恒定。放电灯在波长 375～160nm 范围内发出连续光谱，但在 165nm 以下为线光谱。在波长＞400nm 时，氢放电产生了叠加于连续光谱之上的发射线，所以在这一波长范围内的分析，一般用白炽光源。氘灯与氢灯的特性相似，不同的是氘灯的辐射强度高 2～3 倍，寿命较长，成本较高。应该指出，由于受石英吸收窗的限制，通常紫外区波长的有效范围为 350～200 nm。

氙灯是让电流通过氙气产生强辐射。其强度高于氢灯，但欠稳定。光谱在 200～1000nm 发射连续光谱，在约 500nm 处强度最大。为了获得高强度，一般通过一个电容器间隙式放电。

（2）单色器

单色器是能从光源发射的光中分离出一定波长范围谱线的器件。它由入射狭缝、准直装置（透镜或反射镜）、色散元件（棱镜或光栅）、聚焦装置（透镜或凹面反射镜）和出口狭缝五部分组成。

图 1-6 是两种单色器的光路，它们的色散元件分别为棱镜和反射光栅。光经入射狭缝进入单色器后，以一定的角度投射在色散元件的表面上。棱镜是因在两面上的折射不同导致光的角色散，而光栅是由衍射产生角色散。在这两种光路中，色散光都被聚焦在焦面 AB 上，并以入射狭缝的矩形形式显示出来。

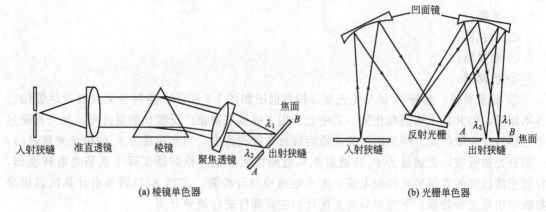

(a) 棱镜单色器　　　　　　　　　　　(b) 光栅单色器

图 1-6　两种类型单色器光路

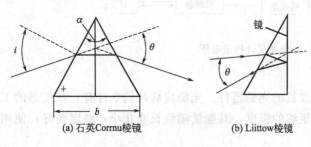

(a) 石英Cornu棱镜　　　　　(b) Liittow棱镜

图 1-7　棱镜的色散

过去仪器中的色散元件大都采用棱镜，而现在几乎所有的色散元件都是采用反射光栅。同棱镜相比，光栅作为色散元件更为优越，其具有如下优点：适用波长范围广；色散几乎不随波长改变；同样大小的色散元件，光栅具有较好的色散和分辨能力。

① 棱镜。棱镜（prism）能够用来色散紫外、可见和红外辐射。制造棱镜的材料则随使用的波长区域而异。图 1-7 为棱镜的色散。

② 光栅。光栅（grating）分为透射光栅和反射光栅。近代光谱仪主要采用反射光栅作为色散元件。反射光栅是在真空中蒸发金属铝将它镀在玻璃平面上，然后用金刚石在铝层上压

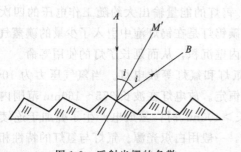

图 1-8　反射光栅的色散

出许多等间隔、等宽的平行刻纹而制成，称为平面反射光栅。刻纹光栅因为制作麻烦，精度要求高，故价格较高。复制光栅则便宜得多，它是通过在原始光栅上浇铸可塑性材料，然后将它剥脱下来并固定在刚性支架上制成。含有 300～2000 条/mm 的光栅可用于紫外和可见光区；对红外区，因最广泛使用的波长范围是 5～15μm，用 100 条/mm 的光栅即可。图 1-8 为反射光栅的色散。

（3）吸收池

吸收池（absorption cell）也称比色皿（图 1-9），是盛放待测流体（液体、气体）试样的容器。它应具有两面互相平行，透光且精确厚度的平面，能借助机械操作把待测试样间断

或连续地排到光路中，以便吸收测量光通量。

吸收池主要有石英池和玻璃池两种，前者用于紫外和可见光区，后者用于可见和近红外区。典型的可见光和紫外线吸收池的光程长度，一般为1cm，但变化范围是很大的，可从几厘米到10cm或更长。

为了减小反射光的损失，吸收池的窗口应完全垂直于光束。典型的可见光和紫外线吸收池的光程长度，一般为1cm，但变化范围是很大的，可以从0.5~10cm。由于测得的吸光度数据主要

图1-9 比色皿

取决于吸收池的匹配情况和被污染的程度，因此在测定时应注意如下几点：

① 参照池和吸收池应是一对经校正好的匹配吸收池；

② 在使用前后都应将吸收池洗净，测量时不能用手接触窗口；

③ 已匹配好的吸收池不能用炉子或火焰干燥，以免引起光程长度上的改变。

（4）检测器

检测器（detector）是能把光信号转变为电信号的器件。作为一个理想的检测器，它应具有高灵敏度、高信噪比、响应速度快等优点，并且在整个研究的波长范围内有恒定的响应。此外，在没有光照射时，其输出应为零。另外还要求产生的电信号应与光束的辐射功率呈正比。在紫外-可见光区常用的检测器有光电池、光电管、光电倍增管、硅光电二极管检测器等。

① 光电池。光电池是用半导体材料制成。一般把硒沉积在铁板上，作为一个电极。在半导体材料上喷上一层薄而透明的银、金或铅金属膜，作为第二个电极，即集电极，两个电极通过两根线柱与外路相连。当光线照到半导体表面时，就在银硒交界而激发出电子，释放的电子被电极收集，形成一个大小与射到半导体表面上的光子数呈正比的电流。光电池可以不需外接电源就能产生较强的光电流。但因其内阻小，输出不易放大，在长时间的光照下容易疲劳。一般广泛用于简单的便携式仪器中。

图1-10 光电管的结构

② 光电管。光电管是由真空透明封套内的一个半圆柱形阴极和一个阳极组成。光敏阴极是在其弯曲表面上涂有一层光敏材料。阳极是由与阴极骨架轴面同轴的导线（或同轴的矩形圈）组成，如图1-10所示。当光线照在阴极表面上时，其释放的电子向维持一定正电位的阳极运动，这就是光电流。它产生的光电流一般只有光电池的1/10，但是容易放大。

光电管响应的光谱范围和灵敏度取决于沉积在阴极上材料的性质。例如，氧化铯-银对近红外区敏感，氧化钾-银和铯-银最敏感的范围在紫外和可见光区。由于热电子发射，光电管会产生暗电流。

③ 光电倍增管。光电倍增管测定低强度辐射比普通的光电管好。光电倍增管阴极表面的组成与光电管类似。不同的是在阴极和阳极之间连有一系列的次级电子发射极，即倍增极。阴极和阳极之间加以约1000V的直流电压。在每个相邻电极之间，都有50~100V的电位差。当光照射在阴极上时，光敏物质发射电子，首先被电场加速，落在第一个倍增极上，

并击出更多的二次电子，这些二次电子又被电场加速，落在第二个倍增极上，击出更多的二次电子。依次类推。当这一过程经过九次之后，每个光子已可形成 $10^6 \sim 10^7$ 个电子，最后都被阳极所收集，产生的电流随后用电子学方法加以放大和测量。由此可见，光电倍增管不仅起到光电的转换作用，同时还起着电流放大的作用。

光电倍增管对紫外和可见光区有高的灵敏度，此外它有极快的响应时间。但热发射电子产生的暗电流，限制了光电倍增管的灵敏度。

④ 硅光电二极管。硅二极管是由一块有反向偏置 p-n 结的硅片构成，因反向偏置电压，其导电性几乎为零。在光照下，p-n 结附近受光子的轰击，从而产生电子和空穴对，硅片的导电性增加，形成光电流。硅光电二极管的灵敏度小于光电倍增管，可响应的光谱范围为 $190 \sim 1100nm$。

（5）信号处理和显示系统

通常信号处理器是一种电子器件，它可放大检测器的输出信号。此外，它也可以把信号从直流变成交流（或相反），改变信号的相位，滤掉不需要的成分。同时，信号处理器也可用来执行某些信号的数学运算，如微分、积分或转换成对数。

在现代仪器中，常用的读出器件有数字表、记录仪、电位计标尺、阴极射线管等。

3. 紫外-可见分光光度计的使用

（1）721 型可见分光光度计

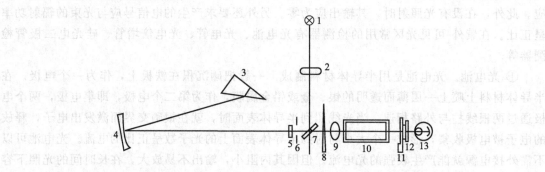

图 1-11 721 型可见分光光度计的光学系统

1—钨灯（12V，25W）；2—透镜；3—玻璃棱镜；4—准直镜；5，12—保护玻璃；6—狭缝；
7—反射镜；8—光栏；9—聚光透镜；10—吸收池；11—光门；13—光电管

① 仪器简介。721 型可见分光光度计采用钨丝灯（12V，25W）为光源，以玻璃棱镜作色散元件，通过凸轮和杠杆控制棱镜的旋转角度来选择入射光波长。由光学玻璃制成的吸收池，四只一组装在由拉杆控制的吸收池架上。拉动拉杆，可以依次使四只吸收池分别置于光路中。以 GD-7 型光电管作为检测器，产生的微弱光电流由微电流放大器放大，同时用调零电位器对光电管的暗电流进行调整。放大后光电流采用微安表指示吸光度和透射比。721 型可见分光光度计的光学系统如图 1-11 所示。

② 仪器面板。721 型可见分光光度计的仪器外形如图 1-12 所示。

（2）紫外-可见分光光度计的通用使用方法

① 准备工作 检查仪器各个部件是否正常，检查挡光杆是否在初始位置。

② 开机预热 打开电源开关，预热 20min。

③ 选择波长 选择测定用单色光波长。

④ 设置参数 拉入挡光杆，调节 $\tau=0\%$；拉入参比溶液，调节 $\tau=100\%$；转换为吸

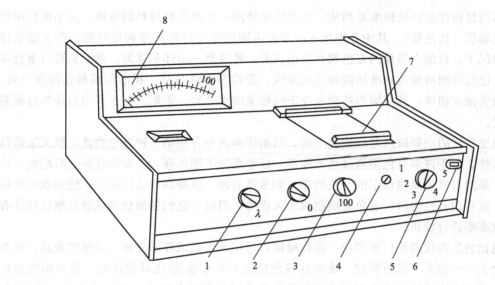

图 1-12 721 型可见分光光度计外形

1—波长调节器；2—调 0%τ 电位器；3—100%τ 电位器；4—吸收池拉杆；

5—灵敏度选择钮；6—电源开关；7—吸收池暗箱盖；8—显示电表

光度。

⑤ 吸光度测量 将待测溶液拉入光路，读取吸光度。

⑥ 关机 关闭仪器电源开关，清洗比色皿。

（3）分光光度计的检验

① 波长的检验。对于波长准确度小于 2nm 的仪器，用汞灯光谱线或氧化钬玻璃滤光片的吸收峰作参考波长，从短波向长波方向对谱线进行测量，连续测量 3 次，记录波长测量值。用汞灯的仪器仍需用镨钕滤光片在 528.7nm 及 807.7nm 处的吸收峰作参考波长，再次测量。

② 透射比的检验。用透射比分别为 20%、40% 和 70% 左右的光谱中性玻璃滤光片，分别在 440nm、546nm、635nm 波长处，以空气为参比，分别测定各滤光片的透射比，连续测量 3 次。

③ 稳定度的检验。将挡光杆拉入光路，调整仪器的透射比为 0%，记录 3min 内的透射比示值的变化，即为 0%τ 噪声。

在仪器波长分别位于仪器光谱范围两端往中间 10nm 处，调整仪器的透射比为 0% 后，调整仪器的透射比为 100%，记录 3min 内的透射比示值的变化，即为光电流稳定度。

④ 吸收池配套性检验。在 220nm（石英吸收池）和 600nm（玻璃吸收池）波长处，每个吸收池中装入蒸馏水，将一个吸收池的透射比调至 100%τ，测量其他各吸收池的透射比值，其差值不大于 0.5%τ 则吸收池的配套性合格。

四、可见分光光度法

1. 目视比色法

用眼睛观察、比较溶液颜色深度以确定物质含量的方法称为目视比色法（visual colorimetry）。

在相同条件下，被测溶液与标准溶液具有相同颜色，则被测溶液与标准溶液的浓度相同。

常用的目视比色法是标准系列法。其方法是使用一套由同种材料制成的、大小形状相同的平底玻璃管（比色管），其中分别加入一系列不同浓度的标准溶液和待测液，在实验条件相同的情况下，再加入等量的显色剂和其他试剂，稀释至一定体积摇匀，然后从管口垂直向下观察，比较待测溶液与标准溶液颜色的深浅。若待测溶液与某一标准溶液颜色深度一致，则说明两者浓度相等；若待测溶液颜色介于两标准溶液之间，则取其算术平均值作为待测溶液的浓度。

目视比色法的主要缺点是准确度不高，如果待测液中存在第二种有色物质，就无法进行测定。另外，由于许多有色溶液颜色不稳定，标准系列不能久存，经常需在测定时配制，比较麻烦。虽然可采用某些稳定的有色物质（如重铬酸钾、硫酸铜和硫酸钴等）配制永久性标准系列，或利用有色塑料、有色玻璃制成永久色阶，但由于它们的颜色与试液的颜色往往有差异，也需要进行校正。

目视比色法的优点是仪器简单，操作简便，适用于大批试样的分析，灵敏度较高。因为是在复合光——白光下进行测定，故某些显色反应不符合朗伯-比耳定律时，仍可用该法进行测定。因而它广泛用于准确度要求不高的常规分析和限界分析中，例如重金属、游离氨、铵盐、氧化氮、硫酸根、氯离子、硫化物等含量的测定。限界分析是指样品中杂质含量是否在规定的范围内，如化学试剂中氯离子、重金属含量。

2. 可见分光光度法

(1) 可见分光光度法的原理

可见分光光度法（visible spectrophotometry）是利用测量有色物质对某一单色光吸收程度来进行定量分析的，而许多物质本身无色或颜色很浅，也就是说，它们对可见光不产生吸收或吸收不大，这就必须事先通过适当的化学处理，使该物质转变为能对可见光产生较强吸收的有色化合物，然后再进行光度测量，最后根据朗伯-比尔定律进行定量计算，这是分光光度法测定无机离子的最常用方法。

(2) 显色反应

将无色或浅色的无机离子转变为有色离子或配位化合物的反应称为显色反应（color reaction），所用的试剂称为显色剂。显色反应的类型主要有氧化还原反应和配位反应两大类，而配位反应是最主要的。

常用的显色剂（reagent）可分为无机显色剂和有机显色剂两大类。

许多无机试剂能与金属离子发生显色反应，但由于灵敏度和选择性都不高，具有实际应用价值的品种很有限。常用的无机显色剂有：硫氰酸盐、钼酸铵、氨水、过氧化氢。

在吸光光度分析中应用较多的是有机显色剂，有机显色剂及其产物的颜色与它们的分子结构有密切关系。有机显色剂分子中一般都含有生色团和助色团。生色团是某些含不饱和键的基团，如偶氮基、对醌基和羰基等。这些基团中的电子被激发时所需能量较小，波长200nm以上的光就可以做到，故往往可以吸收可见光而表现出颜色。助色团是某些含孤对电子的基团，如氨基、羟基和卤代基等。这些基团与生色团上的不饱和键相互作用，可以影响生色团对光的吸收，使颜色加深。最重要的有机显色剂有：磺基水杨酸、邻菲啰啉、丁二酮肟、双硫腙、偶氮胂（Ⅲ）、铬天青 S。

多元配位化合物是由三种或三种以上的组分所形成的配位化合物。目前应用较多的是由一种金属离子与两种配体所组成的三元配位化合物。多元配位化合物在吸光光度分析中应用较普遍。重要的三元配位化合物类型有：三元混配化合物、三元离子缔合物、三元胶束化合物。

（3）显色反应条件

显色反应能否完全满足分析的要求，除了主要与显色剂本身的性质有关外，控制好显色反应的条件也十分重要。如果显色条件不合适，将会影响分析结果的准确度。影响显色反应的因素主要有溶液酸度、显色剂用量、显色时间、显色温度、溶剂的影响等，必须加以控制和选择。

（4）显色反应中干扰的影响

试样中存在干扰物质会影响被测组分的测定，使得标准曲线严重偏离朗伯-比尔定律，这是造成光度分析误差的重要原因。例如，干扰物质本身有颜色或与显色剂反应，在测量条件下也有吸收，造成正干扰。干扰物质与被测组分反应或与显色剂反应，使显色反应不完全，也会造成干扰。干扰物质在测量条件下从溶液中析出，使溶液变浑浊，无法准确测定溶液的吸光度。

为消除以上原因引起的干扰，可采取以下几种方法：控制溶液酸度、加入掩蔽剂、改变干扰离子的价态、选择合适的参比溶液、增加显色剂用量、预先分离。

（5）测定条件的选择

① 测定波长的选择。为了使测定结果有较高的灵敏度，应选择被测物质的最大吸收波长的光作为入射光，这称为"最大吸收原则"。选用这种波长的光进行分析，不仅灵敏度高，而且能够减少或消除由非单色光引起的对朗伯-比尔定律的偏离。但是，如果在最大吸收波长处有其他吸光物质干扰测定时，则应根据"吸收最大、干扰最小"的原则来选择入射光波长。

② 参比溶液。由于被分析物质的溶液是放在透明的吸收池中测量，在空气/吸收池壁以及吸收池壁/溶液的界面间会发生反射，因而导致入射光和透射光的损失。此外，光束的衰减也来源于大分子的散射和吸收池的吸收。为准确测定吸收度，选择恰当的参比溶液十分必要，用来调节仪器的零点，消除由于吸收池壁及溶剂对入射光的反射和吸收带来的误差，并扣除干扰的影响。

参比溶液（reference solution）可根据下列情况来选择。

a. 溶剂参比　如果样品基体、试剂及显色剂均在测定波长无吸收，则可用溶剂作参比溶液。

b. 试剂参比　如果显色剂或试剂有吸收，可用空白溶液作参比溶液。

c. 试液参比　如果显色剂及溶剂不吸收，而样品基体组分有吸收，则应采用不加显色剂的样品溶液作参比溶液。

d. 褪色参比　如果显色剂、试剂及样品基体均有吸收，则应使用褪色参比溶液。褪色参比溶液是指在吸光样品溶液（或显色溶液）中加入适当试剂，使吸光物质或显色化合物破坏（或颜色褪去）后的溶液。

③ 吸光度的测量范围。在吸光光度分析中，除了各种化学条件所引起的误差外，仪器测量不准确也是误差的主要来源。任何光度计都有一定的测量误差。这些误差可能来源于光源不稳定、实验条件的偶然变动等。在吸光光度分析中，我们一定要考虑到这些偶然误差对测定的影响。

不同 τ 时的相对误差绝对值 $|E_x|$ 如图 1-13 所示。从图中可见，透射比很小或很大时，浓度测量误差都较大。在实际测定时，只有使待测溶液的透射比 τ 在 15%～65% 之间，或

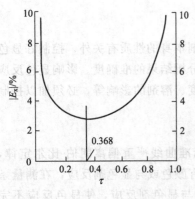

图 1-13 $|E_x|$-τ 关系曲线

使吸光度 A 在 0.2～0.8 之间，才能保证测量的相对误差较小。当吸光度 $A=0.434$（或透射比 $\tau=36.8\%$）时，测量的相对误差最小。可通过控制溶液的浓度或选择不同厚度的吸收池来达到目的。

（6）定量分析

① 单组分的定量分析

a. 工作曲线法（标准曲线法）　先配制一系列浓度不同的标准溶液，在与试样相同条件下，分别测量其吸光度。将吸光度与对应浓度作图，所得直线称工作曲线（working curve）或标准曲线，如图 1-14 所示；然后测定试样的吸光度，再从标准曲线上查出试样溶液的浓度。

标准曲线可用一条直线来描述吸光度与浓度之间的关系，即 $A=a+bc$。在实际工作中，有时标准曲线不通过原点。造成这种情况的原因比较复杂，可能是由于参比溶液选择不当、吸收池厚度不等、吸收池位置不妥、吸收池透光面不清洁等原因所引起的。若有色配位化合物的解离度较大，特别是当溶液中还有其他配位剂时，常使被测物质在低浓度时显色不完全。应针对具体情况进行分析，找出原因，加以避免。

【例 1-3】　饮用水中铁含量的测定：用 10mL 吸量管分别加入 0.00mL、2.00mL、4.00mL、6.00mL、8.00mL、10.00mL 铁标准溶液（40μg/mL）置于 6 个 100mL 容量瓶中，加 1mL 抗坏血酸，然后加 20mL 乙酸-乙酸钠缓冲溶液和 10mL 1,10-菲啰啉溶液，用蒸馏水稀释至刻度，摇匀，放置 15min。用 10mL 吸量管分别加入 10.00mL 液体试样置于 3 个 100mL 容量瓶中，按标准溶液的配制方法配制试样溶液。用 1cm 的吸收池，于 510nm 波长处，以试剂空白为参比，用分光光度计测定标

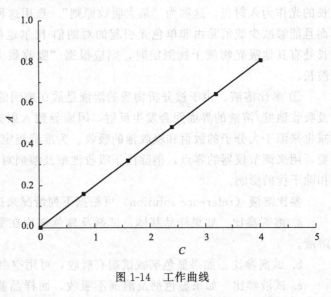

图 1-14 工作曲线

准系列溶液和试样溶液的吸光度，标准系列吸光度分别为 0.000、0.162、0.324、0.485、0.646、0.813，试样溶液吸光度为 0.414、0.416、0.418，求试样中铁含量。

解： 绘制 A-C 工作曲线如图 1-14 所示。

在工作曲线上查得试样溶液吸光度对应的浓度。

试样中铁含量：

$$C_{Fe}=\frac{m}{V}=\frac{2.07\mu g/mL \times 100mL}{10mL}=20.7\mu g/mL$$

b. 直接比较法　在相同的条件下，分别测定标准溶液（浓度为 c_0）和样品溶液（浓度为 c_x）的吸光度 A_0 和 A_x，由下式求出待测物质的浓度。

$$c_x = \frac{A_x}{A_0} c_0 \qquad (1-10)$$

② 多组分的定量分析。两个以上吸光组分的混合物，根据其吸收峰的互相干扰情况，分为三种情况，如图 1-15 所示。对于前两种情况，可通过选择适当的入射光波长，按单一组分的方法测定。对于最后一种情况，由于两组分相互重叠严重，采用单纯的单波长分光光度法已不可能，故只能根据吸光度的加合性原则，通过解联立方程法求解。

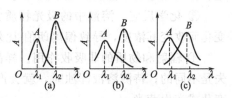

图 1-15　混合物的吸收光谱

如果在样品中有 n 个组分，其浓度分别为 c_1、c_2、$\cdots$、c_n。选择 n 个波长位置作为测量波长，根据吸光度的加和性得到如下联立方程组。

$$\begin{cases} A_1 = \varepsilon_{11}c_1 + \varepsilon_{12}c_2 + \cdots + \varepsilon_{1n}c_n \\ A_2 = \varepsilon_{21}c_1 + \varepsilon_{22}c_2 + \cdots + \varepsilon_{2n}c_n \\ \qquad\qquad\vdots \\ A_n = \varepsilon_{n1}c_1 + \varepsilon_{n2}c_2 + \cdots + \varepsilon_{nn}c_n \end{cases} \qquad (1-11)$$

也就是

$$A_i = \sum_{j=1}^{n} \varepsilon_{ij}c_j \quad (i = 1,2,\cdots,n) \qquad (1-12)$$

式中，A_i 为第 i 个波长处 n 个组分的总吸光度；ε_{ij} 为第 j 个组分在第 i 个波长位置处的摩尔吸收系数；c_j 为第 j 个组分浓度。

可以根据克莱姆法则通过行列式运算求得方程组解 c_1、c_2、$\cdots c_n$，也可以用矩阵法求解。随着测量组分的增多，实验结果的误差也将增大。

③ 差示分光光度法。差示分光光度法（differential absorptiometry）是利用接近样品试液浓度（稍低或稍高）的参比溶液来调节分光光度计的透射比（$0\%\tau$ 或 $100\%\tau$）以进行光度测量的方法。

④ 双波长分光光度法。双波长吸光光度法（dual-wavelength spectrophotometry）是以样品溶液本身作参比，用两束强度相等的单色光 λ_1 和 λ_2 交替入射到同一样品溶液。于是，透过试样溶液的两束单色光的吸光度差值 ΔA：

$$\Delta A = A_{\lambda_1} - A_{\lambda_2} = (\varepsilon_{\lambda_1} - \varepsilon_{\lambda_2})bc \qquad (1-13)$$

式(1-13) 表明，试样溶液在两个波长 λ_1 和 λ_2 吸光度差值 ΔA 与溶液中待测物质的浓度成正比，这就是双波长分光光度法进行定量分析的依据。

在双波长法中，波长的组合和选择是方法的关键问题，通常将 λ_1 称为测量波长，将 λ_2 称为参比波长，选择双波长的方法各有不同，在有共存干扰吸收物质时，常采用等吸收点法（图 1-16）和系数倍率法。

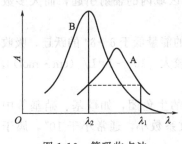

图 1-16　等吸收点法

3. **可见分光光度法的分析误差**

影响吸光光度法准确度的因素如下。

① 仪器的因素。光的非单色性、杂散光的影响、波长标尺和吸光度标尺未作严格的校正、入射光的不平行性和狭缝宽度的影响等。

② 实验技术不适当。由于使用了不适当的溶剂，使用了不匹配或透光面不平行的吸收池和在测定过程中温度发生了变化等，从而导致吸光度测量的误差。

③ 化学反应。溶液中的吸光物质常因离解、缔合、形成新化合物或互变异构体等化学变化而改变其浓度，导致偏离朗伯-比尔定律。

④ 辐射和物质的非吸收作用。样品溶液和参比溶液的折射率不同时，其引起的反射损失是不同的；待测溶液浑浊时，就会产生散射；有些物质受紫外-可见光照后可能引起化学变化或产生荧光。

⑤ 噪声。分光光度分析的准确度和精密度受仪器噪声的限制。

五、紫外分光光度法

1. 紫外分光光度法的原理

(1) 紫外吸收光谱的产生

分子的紫外-可见吸收光谱是由价电子能级的跃迁而产生的，通常电子能级间隔为 $1\sim20eV$，这一能量恰落于紫外与可见光区。每一个电子能级之间的跃迁，都伴随分子的振动能级和转动能级的变化，因此，电子跃迁的吸收线就变成了内含有分子振动和转动精细结构的较宽的谱带。

$$M+h\nu \longrightarrow M^*$$

由于物质对可见-紫外线的吸收一般都涉及价电子的激发，因此，可以将吸收峰的波长与所研究物质中存在的键型建立相关关系，从而达到鉴定分子中官能团的目的。更重要的是，可以应用紫外-可见吸收光谱定量测定含有吸收官能团的化合物。

(2) 电子跃迁类型

基态有机化合物的价电子包括成键 δ 电子、成键 π 电子和非键电子（以 n 表示）。分子的空轨道包括反键 δ^* 轨道和反键 π^* 轨道，因此，可能产生的电子跃迁如下。

① $\delta\rightarrow\delta^*$ 跃迁。分子成键 δ 轨道中的一个电子通过吸收辐射而被激发到相应的反键轨道。实现这类跃迁需要的能量较高，一般发生在真空紫外区，饱和烃中的—C—C—键属于这类跃迁。例如乙烷的最大吸收波长 λ_{max} 为 135nm，因此 $\delta\rightarrow\delta^*$ 跃迁引起的吸收不在通常能观察的紫外范围内。

② $n\rightarrow\delta^*$ 跃迁。发生在含有未共用电子对（非键电子）原子的饱和有机化合物中。通常这类跃迁所需的能量比 $\delta\rightarrow\delta^*$ 跃迁要小，可由 $150\sim250nm$ 区域内的辐射引起，而大多数吸收峰则出现在低于 200nm 处。

③ $\pi\rightarrow\pi^*$ 跃迁。产生在有不饱和键的有机化合物中，需要的能量低于 $\delta\rightarrow\delta^*$ 的跃迁，吸收峰一般处于近紫外区，在 200nm 左右。其特征是摩尔吸收系数较大 [$10^3\sim10^4$L/ (cm·mol)]，为强吸收带。如乙烯（蒸气）的最大吸收波长 λ_{max} 为 162nm。

④ $n\rightarrow\pi^*$ 跃迁。发生在近紫外区和可见光区。它是简单的生色团，如羰基、硝基等中的孤对电子向反键轨道跃迁。其特点是谱带强度弱，摩尔吸收系数小，通常小于 10^2，属于禁阻跃迁。

电子跃迁类型如图 1-17 所示。

(3) 紫外吸收图谱

① 术语。

a. 生色团。是能在一分子中导致在 $200\sim1000nm$ 的光谱区内产生特征吸收带的具有不饱和键和未共享电子对的基团，例如—N=N—、—N=O 等。

b. 助色团。可分为吸电子助色团和给电子助色团。吸电子助色团是一类极性基团，给电子助色团是指带有未成键 n 电子的杂原子的基团。例 如—OH、—OR、—NIHR、—SH、—Cl、—Br、—I 等，它们本身不能吸收大于 200nm 的光，但是当它们与生色团相连时，会使其吸收带的最大吸收波长 λ_{max} 发生移动，并且增加其吸收强度。

c. 蓝移和红移。在有机化合物中，常常因取代基的变更或溶剂的改变，使其吸收带的最大吸收波长 λ_{max} 发生移动。向长波方向移动称为红移，向短波方向移动称为蓝移（或紫移）。

图 1-17 电子跃迁类型

d. 增色效应和减色效应。由于有机化合物的结构变化使吸收峰摩尔吸光系数增加（减少）的现象称为增色效应（减色效应）。

e. 溶剂效应。溶剂对电子光谱的影响较为复杂。改变溶剂的极性，会引起吸收带形状的变化。例如，当溶剂的极性由非极性改变到极性时，精细结构消失，吸收带变向平滑。改变溶剂的极性，还会使吸收带的最大吸收波长 λ_{max} 发生变化。当溶剂极性增大时，由 $n \to \pi^*$ 跃迁产生的吸收带发生蓝移，而由 $\pi \to \pi^*$ 跃迁产生的吸收带发生红移。显然，由于未成键电子对的溶剂化作用增加，降低了 n 轨道的能量，使 $n \to \pi^*$ 跃迁蓝移。在选择测定电子吸收光谱曲线的溶剂时，应注意如下几点：

尽量选用低极性溶剂；

能很好地溶解被测物，并且形成的溶液具有良好的化学和光化学稳定性；

溶剂在样品的吸收光谱区无明显吸收。

② 吸收带。

a. R 吸收带（absorption band）是由 n-π 共轭基团 $n \to \pi^*$ 跃迁产生的。特点是强度弱（$\varepsilon < 100$），吸收波长较长（$> 270nm$）。例如 $CH_2 = CH—CHO$ 的 $\lambda_{max} = 315nm$（$\varepsilon = 14$）的吸收带为 $n \to \pi^*$ 跃迁产生，属 R 吸收带。R 吸收带随溶剂极性增加而蓝移，但当附近有强吸收带时则产生红移，有时被掩盖。

b. K 吸收带是由共轭 π 键 $\pi \to \pi^*$ 跃迁产生的。其特点是强度高（$\varepsilon > 10^4$），吸收波长比 R 吸收带短（$217 \sim 280nm$），并且随共轭双键数的增加，产生红移和增色效应。共轭烯烃和取代的芳香化合物可以产生这类谱带。例如：$CH_2 = CH—CH = CH_2$，$\lambda_{max} = 217nm$（$\varepsilon = 10000$），属 K 吸收带。

c. B 吸收带是由苯环共轭 π 键 $\pi \to \pi^*$ 跃迁产生的芳香族化合物的特征吸收。其特点是：在 $230 \sim 270nm$（$\varepsilon = 200$）谱带上出现苯的精细结构吸收峰，可用于辨识芳香族化合物。当在极性溶剂中测定时，B 吸收带会出现一宽峰，产生红移，当苯环上氢被取代后，苯的精细结构也会消失，并发生红移和增色效应。

d. E 吸收带属于苯环共轭 π 键 $\pi \to \pi^*$ 跃迁，也是芳香族化合物的特征吸收。苯的 E 带分为 E_1 带和 E_2 带。E_1 带 $\lambda_{max} = 184nm$（$\varepsilon = 60000$），E_2 带 $\lambda_{max} = 204nm$（$\varepsilon = 7900$）。当苯环上的氢被助色团取代时，E_2 带红移，一般在 210nm 左右；当苯环上氢被生色团取代，并与苯环共轭时，E_2 带和 K 带合并，吸收峰红移。例如乙酰苯可产生 K 吸收带（$\pi \to \pi^*$），

其 $\lambda_{max}=240$nm。此时 B 吸收带（$\pi \to \pi^*$）也发生红移（$\lambda_{max}=278$nm）。它的 K 吸收带与苯的 E 带相比显著红移，这是由于苯乙酮中羰基与苯环形成共轭体系的缘故。

2. 定性分析

目前无机元素的定性分析（qualitative analysis）主要是用发射光谱法，也可采用经典的化学分析方法，因此，紫外-可见分光光度法在无机定性分析中并未得到广泛的应用。

在有机化合物的定性鉴定和结构分析中，由于紫外-可见光区的吸收光谱比较简单，特征性不强，并且大多数简单官能团在近紫外区只有微弱吸收或者无吸收，因此，该法的应用也有一定的局限性。但它可用于鉴定共轭生色团，以此推断未知物的结构骨架。在配合红外光谱、核磁共振谱等进行定性鉴定及结构分析中，它无疑是一个十分有用的辅助方法。

（1）定性鉴定

利用紫外分光光度法确定未知不饱和化合物结构的结构骨架时，一般有两种方法：

① 比较吸收光谱曲线；

② 用经验规则计算最大吸收波长 λ_{max}，然后与实测值比较。

吸收光谱曲线的形状、吸收峰的数目以及最大吸收波长的位置和相应的摩尔吸收系数，是进行定性鉴定的依据，其中最大吸收波长 λ_{max} 及相应的 ε_{max} 是定性鉴定的主要参数。

所谓比较法，是在相同的测定条件下，比较未知物与已知标准物的吸收光谱曲线，如果它们的吸收光谱曲线完全等同，则可以认为待测试样与已知化合物有相同的生色团。在进行这种对比法时，也可以借助于前人汇编的以实验结果为基础的各种有机化合物的紫外与可见光谱标准谱图或有关电子光谱数据表。

紫外吸收光谱只能表现化合物生色团、助色团和分子母核，而不能表达整个分子的特征，因此只靠紫外吸收光谱曲线来对未知物进行定性是不可靠的，还要参照一些经验规则以及其他方法（如红外光谱法、核磁共振波谱、质谱，以及化合物某些物理常数等）配合来确定。

此外，对于一些不饱和有机化合物也可采用一些经验规则，如伍德沃德（Woodward）规则、斯科特（Scott）规则，通过计算其最大吸收波长与实测值比较后，进行初步定性鉴定。

（2）结构分析

紫外吸收光谱在研究化合物结构中的主要作用是推测官能团、结构中的共轭关系和共轭体系中取代基的位置、种类和数目。

① 官能团的鉴定。先将样品尽可能提纯，然后绘制紫外吸收光谱。由所测出的光谱特征，根据一般规律对化合物作初步判断。

a. 如果样品在 200~280nm 无吸收（$\varepsilon<1$），可推断不含苯环、共轭双键、醛基、酮基、硝基、溴或碘。

b. 如果在 210~250nm 有强吸收带，表明含有共轭双键。如果 ε 值在 $(1\sim2)\times10^4$L/(mol·cm) 之间，说明为二烯或不饱和酮；如果在 260~350nm 有强吸收带，可能有 3~5 个共轭 π 键。

c. 如果在 250~300nm 有弱吸收带，$\varepsilon=10\sim100$L/(mol·cm)，则含有羰基；在此区域内若有中强吸收带，表示具有苯的特征，可能有苯环。

d. 如果化合物有许多吸收峰，甚至延伸到可见光区，则可能为一长链共轭化合物或多环芳烃。

按以上规律进行初步推断后，能缩小该化合物的归属范围，然后再按前面介绍的对比法作进一步确认。当然还需要其他方法配合才能得出可靠结论。

② 顺反异构体的确定。顺反异构体的波长吸收强度不同，由于反式构型没有立体障碍，偶极矩大，而顺式构型有立体障碍。因此反式的吸收波长和强度都比顺式的大。

③ 互变异构体的确定。紫外吸收光谱除应用于推测所含官能团外，还可对某些同分异构体进行判别。常见的异构体有酮-烯醇式、醇醛的环式-链式、酰胺的内酰胺-内酰亚胺式等。在极性溶剂中，酮式易与极性溶剂形成氢键，在 272nm $(\varepsilon = 16)$ 有 R 吸收带。在非极性溶剂中，烯醇式易形成分子内氢键，除了在 300nm 有一个弱 R 吸收带，还在 243nm 有一个强 E 吸收带。

（3）化合物纯度的检测

紫外吸收光谱能检查化合物中是否含具有紫外吸收的杂质，如果化合物在紫外区没有明显的吸收峰，而它所含的杂质在紫外区有较强的吸收峰，就可以检测出该化合物所含的杂质。例如要检查乙醇中的杂质苯，由于苯在 256nm 处有吸收，而乙醇在此波长下无吸收，因此可利用这特征检定乙醇中杂质苯。又如要检查四氯化碳中有无 CS_2 杂质，只要观察在 318nm 处有无 CS_2 的吸收峰就可以确定。

另外还可以用吸光系数来检查物质的纯度。一般认为，当试样测出的摩尔吸光系数比标准样品测出的摩尔吸光系数小时，其纯度不如标样。相差越大，试样纯度越低。例如菲的氯仿溶液，在 296nm 处有强吸收（$\lg\varepsilon = 4.10$），用某方法精制的菲测得 ε 值比标准菲低 10%，说明实际含量只有 90%，其余很可能是蒽醌等杂质。

3. 定量分析

紫外分光光度定量分析与可见分光光度定量分析的定量依据和定量方法相同，这里不再重复。值得提出的是，在进行紫外定量分析时应选择好测定波长和溶剂。通常情况下一般选择 λ_{max} 作测定波长，若在 λ_{max} 处共存的其他物质也有吸收，则应另选 ε 较大、而共存物质没有吸收的波长作测定波长。选择溶剂时要注意所用溶剂在测定波长处应没有明显的吸收，而且对被测物溶解性要好，不和被测物发生作用，不含干扰测定的物质。

六、特点和应用

1. 紫外-可见分光光度法的特点

① 设备及操作简单，分析速度快，易普及推广应用。

② 灵敏度高。几乎所有元素都有一种到数种成熟的比色分析方法，对不同元素及不同的比色分析方法，灵敏度不同，一般为 $0.1 \sim 1\mu g/mL$，有的甚至可达 $1 \sim 10g/mL$。特别适于测定低含量及微量组分，适宜测定的含量范围为 $0.001\% \sim 0.1\%$。

③ 准确度高，相对误差一般为 1%～3%。

④ 应用范围广。能定量测定周期表几乎所有金属元素，也能测定氮、硼、硅、砷、氧、硫、硒、碲、氟、氯、溴及碘等非金属，也能定量测定有机化合物。还可用于测定平衡常数、配位化合物组成及相对分子质量等物理化学常数。

⑤ 选择性好。在适宜操作条件下，可以在其他组分存在不经过分离而进行测定。

⑥ 谱带较宽，易与其他组分的光谱重叠引起光谱干扰，有时造成选择性不好。

2. 在石化工业中的应用

紫外-可见分光光度法在石油化工工业分析及环境监测中占有重要地位。比色法主要用于无机元素的测定。例如测定油品、添加剂及催化剂中的砷、铁、镍、钒、铅、铜、钯、铁、氮、氯及磷等。在环境监测中，测定水中铅、汞、铁、锌、铝、铍、钙、铜、砷、镍、铋、镉、钒、NO_3^-、NO_2^-、CN^-、Cl^-、PO_4^{3-}、SO_4^{2-}、S^{2-}、NH_3、酚等，测定空气中的 SO_2、NO_2^-、H_2S、NH_3 及氮氧化物等。

紫外吸收光谱法主要用于测定具有芳香结构的化合物及含有共轭体系的化合物。其灵敏度高，而且很少受其他物质的干扰，一般不需要繁琐的预分离手续。例如，测定环己烷中的苯、汽油中的苯硫酚及苯酚类、柴油中的吲哚类。紫外吸收光谱法可与红外吸收光谱法、核磁共振波谱法及质谱法配合，鉴定芳香化合物及共轭体系化合物的结构。

习　题

1. 有机化合物分子中电子跃迁产生的吸收带有哪几类？各有什么特点？

2. 简述引起偏离朗伯-比尔定律的原因。

3. 简述紫外-可见分光光度法的特点及应用。

4. 比较通常的分光光度法与双波长分光光度法的差别，并说明其理由。

5. 使用分光光度计一般控制吸光度值在 0.2～0.8 范围内，试说明原因。

6. 浓度为 1.28×10^{-4} mol/L 的 $KMnO_4$ 溶液在波长 525nm 处用 1cm 吸收池测得透光度为 0.500，试问：(1) 若 $KMnO_4$ 溶液浓度为原溶液的 2 倍时，其吸光度为多少？(2) 在浓度的相对误差最小时测定，则 $KMnO_4$ 溶液的浓度为多少？

7. 若在下列情况进行比色测定：(1) 蓝色的 $Cu(II)$-NH_3 配离子；(2) 红色的 $Fe(III)$-SCN^- 配离子；(3) H_2O_2 加入 $Ti(V)$ 溶液中形成黄色配离子。试问各应选用何种颜色的滤光片？

8. 分光光度法的绝对误差为 $\Delta T = 0.01$，试问浓度的最小相对误差为多少？

9. 在下列化合物中，哪一个的摩尔吸光系数最大：(1) 乙烯；(2) 1,3,5-己三烯；(3) 1,3-丁二烯。

10. 下列化合物中哪一个的 λ_{max} 最长：(1) CH_4；(2) CH_3I；(3) CH_2I_2。

11. 将下列各百分透光率（$T\%$）换算成吸光度。

(1) 38%；(2) 7.8%；(3) 67%；(4) 55%；(5) 0.01%。

12. 取 1.000g 钢样溶解于 HNO_3，其中的 Mn 用 KIO_3 氧化成 $KMnO_4$ 并稀释至 100mL，用 1.0cm 吸收池在波长 545nm 测得此溶液的吸光度为 0.720。用 1.64×10^{-4} mol/L $KMnO_4$ 作为标准，在同样条件下测得的吸光度为 0.360，计算钢样中 Mn 的百分含量。

13. 某化合物的摩尔吸光系数为 13000L/（mol·cm），该化合物的水溶液在 1.0cm 吸收池中的吸光度为 0.425，试计算此溶液的浓度。

14. 已知某溶液中 Fe^{2+} 浓度为 150g/100mL，用邻菲啰啉显色测定 Fe^{2+}，比色皿厚度为 1.0cm，在波长 508nm 处测得吸光度 $A = 0.297$，计算 Fe^{2+}-邻菲啰啉配位化合物的摩尔吸光系数。

15. 已知石蒜碱的相对分子质量为 287，用乙醇配制成 0.0075% 的溶液，用 1cm 吸收池在波长 297nm 处，测得 A 值为 0.622，其摩尔吸收系数为多少？

16. 用分光光度法分析含有 Cr 和 Mn 的合金试样。称取试样 0.246g，用酸溶解并稀释至 250.00mL。准确移取该溶液 50mL，在催化剂 Ag^+ 的存在下用 $K_2S_2O_8$ 将 Cr 和 Mn 转化为 $Cr_2O_7^{2-}$ 和 MnO_4^-，并将它稀释至 100.00mL。用 1cm 吸收池，在波长 440nm 和 545nm 处分别测得吸光度为 0.932 和 0.778，试计算合金试样中 Mn 和 Cr 的质量分数为多少？

λ/nm	$\varepsilon_{Cr_2O_7^{2-}}$	$\varepsilon_{MnO_4^-}$
440	369	95
545	11	2350

17. 在波长 510nm 和 656nm 下，Co 和 Ni 与 2,3-二巯基喹喔啉生成的配离子测得如下数据：

λ/nm	ε_{Co}	ε_{Ni}
510	3.64×10^4	5.52×10^3
656	1.24×10^4	1.75×10^4

将 0.376g 土壤样品溶解，并稀释至 50.00mL。移取 25.00mL，并除去干扰，然后加入显色剂 2,3-二巯基喹喔啉并稀释至 50.00mL。用 1cm 吸收池，在波长 510nm 和 656nm 处分别测得吸光度为 0.467 和 0.347，试计算土壤中钴和镍的质量分数。

情境二

委托样品检验（原子吸收分光光度法）

能力目标

(1)能熟练使用原子吸收光谱仪；

(2)能对仪器进行调试、维护和保养，能准确判断仪器的常见故障，能排除仪器的简单故障；

(3)能按国家标准和行业标准进行采样，能规范进行样品记录、交接、保管；

(4)能正确熟练使用天平(托盘天平、分析天平或电子天平)称量药品，使用玻璃仪器进行药品配制；

(5)能根据国家标准、行业标准等对石油化工、食品、药品等产品、半成品、原材料进行质量检验；

(6)能正确规范记录实验数据，熟练计算实验结果，正确填写检验报告；

(7)能正确评价质量检验结果、分析实验结果和误差并消除误差；

(8)能熟练使用计算机查找资料、使用 PPT 汇报展示、使用 WORD 整理实验资料和总结结果；

(9)能掌握课程相关的英语单词，阅读仪器英文说明书，对于英语能力高的学生可以进行简单的仪器使用相关的英文对话；

(10)能与组员进行良好的沟通，能流畅表达自己的想法，能解决组员之间的矛盾。

知识目标

(1)掌握原子吸收光谱仪的结构组成、工作原理；

(2)了解原子吸收光谱仪的种类及同种分析仪器的性能的差别优劣；

(3)掌握原子吸收光谱仪进行质量检验的实验分析方法、计算公式；

(4)熟悉企业质量检验岗位的工作内容和工作流程；

(5)熟悉原子吸收光谱仪的常见检测项目、检测方法、检测指标；

(6)掌握常见检测项目的反应原理，干扰来源，消除方法；

(7)掌握有效数字定义、修约规则、运算规则、取舍，实验结果记录规范要求；

(8)掌握实验结果的评价方法，掌握实验结果误差的种类及消除方法；

(9)掌握样品的采集方法，了解样品的交接和保管方法；

(10)掌握实验室的安全必知必会知识，及实验室管理知识。

素质目标

(1)具有良好的职业素质；

(2)具有实事求是、科学严谨的工作作风；

(3)具有良好的团队合作意识；

(4)具有管理意识；

(5)具有自我学习的兴趣与能力；

(6)具有环境保护意识；

(7)具有良好的经济意识；

(8)具有清醒的安全意识；

(9)具有劳动意识；

(10)具有一定计算机、英语应用能力。

子情境一　化学试剂盐酸中铜含量的测定（标准曲线法）

一、采用标准

GB/T 622—2006 化学试剂　盐酸。

GB/T 9723—2007 化学试剂　火焰原子吸收光谱法通则。

二、方法原理

从光源辐射出待测元素的特征波长的光，通过火焰原子化系统产生的样品蒸气时，被蒸气中待测元素的基态原子吸收，在一定的试验条件下，吸光度的大小与样品中待测元素的浓度关系符合光吸收定律。

三、仪器试剂

1. 仪器

① 一般实验室仪器。

② 原子吸收光谱仪，带火焰原子化器。

2. 试剂

在未注明其他要求时，所用试剂和水为分析纯试剂和 GB/T 6682—2008 中规定的三级水。

① 盐酸溶液（15%）：量取 370mL 盐酸，稀释至 1000mL。

② 铜标准溶液（0.10mg/mL）：称取 0.393g 硫酸铜，溶于水，移入 1000mL 容量瓶中，稀释至刻度。

四、分析步骤

1. 试料的制备

量取 42.5mL（50g）样品，置于石英蒸发皿中，在水封蒸发器内，蒸发至近干，加 1mL 盐酸溶液（15%）及适量水溶解残渣，稀释至 10mL。

2. 工作曲线的绘制

① 在一系列 50mL 容量瓶中，分别加入 0.00mL、0.50mL、1.00mL、1.50mL、2.00mL 和 2.50mL 的铜标准溶液。

② 以铜空心阴极灯为光源，使用乙炔-空气火焰，在 324.7nm 波长处，用水调零后，测量溶液的吸光度。

③ 以铜的质量浓度为横坐标，以吸光度为纵坐标，绘制工作曲线。

3. 测定

按 2 步骤②测定试料的吸光度。

五、数据记录

绘制工作曲线						
加入标准溶液体积/mL	0.00	0.50	1.00	1.50	2.00	2.50
铜的质量浓度/(mg/mL)						
测得吸光度						
相关系数						

续表

试样测定			
试样编号	1	2	3
称量试样质量/g			
测得试液的吸光度			
查得铜的质量浓度/(mg/mL)			
试样中铜的质量分数/%			
试样中铜的质量分数/%			
数据评价			
数据指标	测得数据结果		最终数据结论
质量指标	测得质量结果		最终质量结论

六、结果计算

铜含量以铜的质量分数 w 计，数值以%表示，按下式计算：

$$w = \frac{c \times V \times 10^{-3}}{m} \times 100$$

式中　c——从工作曲线查得的试料中铜的浓度，mg/mL；

　　　V——试料的体积，mL；

　　　m——试样的质量的数值，g。

七、数据评价

在重复性条件下，平行测定结果的相对标准偏差不大于 5%。

八、结果表示

取平行测定结果的算术平均值为测定结果。

九、质量评价

化学试剂盐酸中铜的含量为：$w \leqslant 0.00001$（优级纯或分析纯），$w \leqslant 0.0001$（化学纯）。

子情境二　大气降水中钙、镁的测定（标准曲线法）

一、采用标准

GB/T 13580.13—1992 大气降水中钙、镁的测定　原子吸收分光光度法。

二、方法原理

火焰原子吸收分光光度法是根据某元素的基态原子对该元素的特征光谱辐射产生选择性吸收来进行测定。将降水试样喷入空气-乙炔火焰中，分别于波长 422.7nm 和 285.2nm 处测量钙、镁的吸光度，用工作曲线进行测定。样品若有 Al、Be、Ti 等元素存在会产生负干扰，可加入释放剂氯化镧、硝酸镧或氯化锶予以消除。

三、仪器试剂

1. 仪器

　　① 一般实验室仪器。

　　② 原子吸收光谱仪，带火焰原子化器。

2. 试剂

在未注明其他要求时，所用试剂和水为分析纯试剂和 GB/T 6682—2008 中规定的三级水。

　　① 盐酸溶液（1+1）：取 100mL 盐酸加到 100mL 水中，摇匀。

② 钙标准储备液（500μg/mL）：准确称取 0.6250g 碳酸钙（180℃烘 2h）于烧杯中，加 20mL 水悬浮，缓慢加入少量盐酸溶液，小心溶解，加热驱除二氧化碳，冷却后，定容至 500mL。

③ 镁标准储备液（100μg/mL）：准确称取 0.1658g 氧化镁（在 1000℃高温炉中灼烧 1h，在干燥器中冷却后称量）于烧杯中，用少量盐酸溶液溶解，移入 1000mL 容量瓶中，用水稀释至刻度。

④ 钙、镁混合标准使用液（50μg/mL 钙，5μg/mL 镁）：分别吸取钙、镁标准储备液 10.0mL 和 5.00mL 于 100mL 容量瓶中，加 2mL 硝酸溶液，用水稀释到刻度。

⑤ 硝酸溶液（1+1）：取 100mL 硝酸加水至 100mL，摇匀。

⑥ 硝酸溶液（5%）：取 5mL 硝酸加水至 100mL，摇匀。

⑦ 硝酸镧溶液（10%）：称 23.5g 氧化镧，用少量硝酸溶液微热溶解，加硝酸溶液（5%）至 200mL。

四、分析步骤

1. 样品采集与保存

① 采集的样品应移入洁净干燥的聚乙烯塑料瓶中，密封保存。在样品瓶上贴上标签、编号，同时记录采样地点、日期、起止时间、降水量。

② 选用孔径为 0.45μm 的有机微孔滤膜作过滤介质。

③ 样品采集后，尽快用过滤装置除去样品中的颗粒物，将滤液装入干燥清洁的白色塑料瓶中，不加添加剂，密封后放在冰箱中保存。

2. 工作曲线的绘制

① 取 100mL 容量瓶 7 个，分别加入钙、镁混合标准使用溶液 0mL、1.00mL、2.00mL、4.00mL、6.00mL、8.00mL、10.00mL，在各管中加水到刻度，再加硝酸镧溶液 2.0mL，摇匀。

② 以钙空心阴极灯为光源，使用乙炔-空气火焰，在 422.7nm 波长处，用水调零后，测量溶液的吸光度。

③ 以镁空心阴极灯为光源，使用乙炔-空气火焰，在 285.2nm 波长处，用水调零后，测量溶液的吸光度。

④ 分别以钙、镁的吸光度对其相应的含量作图，绘制工作曲线。

3. 测定

吸取 100.0mL 降水样品于干燥的 100mL 容量瓶中，加 2.0mL 硝酸镧溶液，摇匀。按 2 步骤②和③测量吸光度，从工作曲线上查得钙、镁含量。

五、数据记录

绘制工作曲线							
加入标准溶液体积/mL	0.00	1.00	2.00	4.00	6.00	8.00	10.00
钙的质量/μg							
测得吸光度							
相关系数							

试样测定			
试样编号	1	2	3
测得试样的吸光度			
查得钙的质量/μg			
试样中钙的浓度/(mg/L)			
试样中钙的浓度/(mg/L)			

续表

数据评价		
数据指标	测得数据结果	最终数据结论
质量指标	测得质量结果	最终质量结论

绘制工作曲线							
加入标准溶液体积/mL	0.00	1.00	2.00	4.00	6.00	8.00	10.00
镁的质量/μg							
测得吸光度							
相关系数							

试样测定			
试样编号	1	2	3
测得试样的吸光度			
查得镁的质量/μg			
试样中镁的浓度/(mg/L)			
试样中镁的浓度/(mg/L)			

数据评价		
数据指标	测得数据结果	最终数据结论
质量指标	测得质量结果	最终质量结论

六、结果计算

降水中钙、镁浓度以 mg/L 表示，按下式计算：

$$c = \frac{m}{V}$$

式中　c——样品中钙、镁的浓度，mg/L；

　　　　m——从工作曲线上查得钙（镁）含量，μg；

　　　　V——取样体积，mL。

七、数据评价

在重复性条件下，平行测定结果钙的相对标准偏差不大于 1.0%，镁的相对标准偏差不大于 3.5%。

八、结果表示

取平行测定结果的算术平均值为测定结果。

子情境三　固体废物中铅含量的测定（标准加入法）

一、采用标准

GB/T 15555.2—1995 固体废物铜、锌、铅、镉的测定　原子吸收分光光度法。

二、方法原理

将试料直接喷入火焰，在空气-乙炔火焰中，铅的化合物解离为基态原子，并对空心阴极灯的特征辐射谱线产生选择性吸收。在给定条件下，测定铅的吸光度。

三、仪器试剂

1. **仪器**

①　一般实验室仪器。

②　原子吸收光谱仪，带火焰原子化器。

2. 试剂

在未注明其他要求时，所用试剂和水为分析纯试剂和 GB/T 6682—2008 中规定的三级水。

① 硝酸

② 硝酸溶液（1+1）：量取 500mL 硝酸，稀释至 1000mL。

③ 硝酸溶液（0.4%）：量取 4mL 硝酸，稀释至 1000mL。

④ 铅标准储备液（1.000g/L）：称取 1.0000g 光谱纯金属铅，用 20mL 硝酸溶液（1+1）溶解后，用水定容至 1000mL。

⑤ 铅标准使用溶液（40.0mg/L）：移取 25.00mL 金属标准储备液于 1000mL 容量瓶中，用水稀释至刻度。

四、分析步骤

1. 试料的制备

① 称取干基试样 100.0g，置于 2L 浸取容器中，加 1L 水，盖紧瓶盖后垂直固定于往复水平振荡机上，调节频率为（110±10）次/min，在室温下振荡浸取 8h，静置 16h 后取下，于预先安装好滤纸的过滤装置上过滤，收集全部滤出液，即为浸出液，摇匀供分析用。

② 浸出液如不能很快进行分析应加浓硝酸达 1%，时间不要超过一周。

2. 空白溶液的制备

用水代替样品，采用和样品相同的步骤和试剂，在测定试料的同时测定空白值。

3. 工作曲线的绘制

① 在 5 个编号的 50mL 容量瓶中分别加入 5～10mL（视铅的含量而定）浸出液，并加入 0.00mL、0.50mL、1.00mL、1.50mL、3.00mL 铅标准使用溶液，用硝酸溶液（0.4%）稀释至 50mL。

② 以铅空心阴极灯为光源，使用贫燃的乙炔-空气火焰，使用 1nm 的通带宽度，在 283.3nm 波长处，用硝酸溶液（0.4%）调零后，测量溶液的吸光度。

③ 用扣除空白溶液后的吸光度和相对应的浓度绘制工作曲线。

④ 将工作曲线反向延伸与浓度轴相交，交点即为试料中铅的浓度。

五、数据记录

绘制工作曲线					
加入标准溶液体积/mL	0.00	0.50	1.00	1.50	3.00
铅的质量浓度/(mg/L)					
测得吸光度					
空白溶液的吸光度					
减去试剂空白后吸光度					
相关系数					
试样测定					
试样编号	1		2		3
查得铅的质量浓度/(mg/L)					
试样中铅的质量浓度/(mg/L)					
试样中铅的质量浓度/(mg/L)					
数据评价					
数据指标		测得数据结果		最终数据结论	
质量指标		测得质量结果		最终质量结论	

六、结果计算

浸出液中铅浓度 c 按下式计算：

$$c = c_1 \times \frac{V_0}{V}$$

式中　　c_1——被测试料中铅的浓度，mg/L；

　　　　V_0——制样时定容体积，mL；

　　　　V——试料的体积，mL。

七、数据评价

在重复性条件下，平行测定结果的相对标准偏差不大于 5.9%。

八、结果表示

取平行测定结果的算术平均值为测定结果。

知识窗二　原子吸收光谱法

一、概述

原子吸收光谱法（atomic absorption spectrophotometry）是基于测量蒸气中原子对特征电磁辐射的吸收，来测定化学元素含量的方法。

1859 年基尔霍夫就成功地解释了太阳光谱中暗线产生的原因，并且应用于太阳外围大气组成的分析。1955 年澳大利亚物理学家 A. Walsh 发表了"原子吸收光谱在化学分析中的应用"的论文，奠定了原子吸收光谱分析的理论基础。20 世纪 50 年代末和 60 年代初，市场上出现了供分析用的商品原子吸收光谱仪。1961 年前苏联的 B. B. ЛbBOB 提出电热原子化吸收分析，大大提高了原子吸收分析的灵敏度。1965 年 J. B. Willis 将氧化亚氮-乙炔火焰成功地应用于火焰原子吸收法，大大扩大了火焰原子化吸收法的应用范围，自 20 世纪 60 年代后期开始"间接"原子吸收光谱法的开发，使得原子吸收法不仅可测得金属元素还可测一些非金属元素（如卤素、硫、磷）和一些有机化合物（如维生素 B_{12}、葡萄糖、核糖核酸酶等），为原子吸收法开辟了广泛的应用领域。

近年来，计算机、微电子、自动化、人工智能技术和化学计量等的发展，各种新材料与元器件的出现，大大改善了仪器性能，使原子吸收分光光度计的精度和准确度及自动化程度有了极大提高，使原子吸收光谱法成为痕量元素分析的灵敏且有效方法之一，广泛地应用于各个领域。

二、基本原理

1. 原子能级

通常把电子在稳定状态所具有的能量称为能级。未受激发的光电子所处能级的能量为零，高于基态的所有能量状态为激发态。能级间的间隔表明原子或离子从一个能级跃迁到另一个能级发射或吸收辐射的能量。

在热平衡状态下，基态原子和激发态原子的分布符合玻耳兹曼公式：

$$\frac{N_i}{N_0} = \frac{g_i}{g_0} \exp(-E_i/kT) \tag{2-1}$$

式中，N_i 和 N_0 分别为激发态和基态的原子数；k 为玻耳兹曼常数；g_i 和 g_0 分别为激发态和基态的统计权重；E_i 为激发能；T 为热力学温度。结果表明，基态原子的数目受温度变化的影响很小，并近似地等于原子总数。

2. 原子吸收线

原子吸收线的基本特征常以谱线波长、谱线轮廓及谱线强度来描述。

（1）谱线波长

吸收谱线的波长决定于原子核外价电子产生跃迁的两个能级的能量差，即

$$\Delta E = h\nu = h\frac{c}{\lambda} \tag{2-2}$$

原子吸收测量采用的是共振吸收线，即相当于最低激发态和基态间的跃迁谱线。显然，原子的共振吸收线与其共振发射线应具有相同的波长。

由于在原子吸收分析中，仅考虑由基态产生的跃迁。理论证明，共振吸收线的数目 N_{abs} 为：

$$N_{abs} = \sqrt{2N_{em}} \tag{2-3}$$

而发射线的数目 N_{em} 为：

$$N_{em} = \frac{n(n-1)}{2} \tag{2-4}$$

式中，n 为原子的总能级数。可见吸收线的数目比发射线的数目少得多。

（2）谱线轮廓

原子吸收线并非是几何学意义上的线，而是有一定宽度。所谓谱线轮廓（line profile）是描绘辐射吸收率随波长（或频率）变化的曲线。描述原子吸收线轮廓的物理量是吸收线的中心频率 ν_0 和吸收线的半宽度 $\Delta\nu$，如图 2-1 所示。中心波长的位置由原子能级分布特征决定。原子吸收线的半宽受多种因素影响。

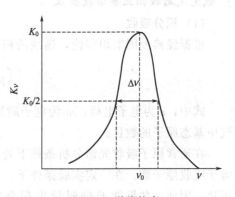

图 2-1　谱线轮廓

① 自然变宽。由激发态原子的平均寿命所决定的光谱线的宽度称为自然宽度，对谱线自然宽度记作 δ_N。

$$\delta_N = \frac{1}{\Delta\tau}$$

式中，δ_N 为自然宽度；$\Delta\tau$ 为激发态原子的平均寿命，寿命越短，谱线越宽；δ_N 为 10^{-5} nm 量级，自然宽度是谱线的固有宽度。不同谱线的 δ_N 是不同的。

② 多普勒变宽。多普勒变宽（$\Delta\nu_D$）即热变宽，是由原子在空间作无规则热运动而引起的。多普勒变宽与元素的相对原子质量、温度和谱线的频率有关。在一定温度范围内，温度微小变化对谱线宽度影响较小。若被测元素的相对原子质量 A_r 越小，温度越高，则多普勒变宽就越大。

③ 压力变宽。压力变宽是由产生吸收的原子与蒸气中原子或分子相互碰撞而引起谱线的变宽。根据碰撞的性质不同，分为洛伦兹（Lorentz）变宽和霍尔兹马克（Holtzmark）变宽两种。洛伦兹变宽是产生吸收的原子与其他粒子（如外来气体的原子、离子或分子）碰撞而引起的谱线变宽。洛伦兹变宽随外界气体压力的升高而加剧，随温度的升高谱线变宽呈下降的趋势。洛伦兹变宽使中心频率位移，谱线轮廓不对称，影响分析的灵敏度。霍尔兹马克

变宽，又称共振变宽，是由同种原子之间发生碰撞而引起的谱线变宽，共振变宽只在被测元素浓度较高时才有影响。

④ 自吸变宽。光源辐射共振线被光源周围较冷的同种原子所吸收的现象，称为"自吸"。严重的谱线自吸收就是谱线的"自蚀"。自吸现象使谱线强度降低，同时导致谱线轮廓变宽。

⑤ 同位素变宽。同一种元素存在多种同位素，其各自具有一定宽度的谱线。观察到的谱线是组合谱线，这种变宽并不小于多普勒及洛伦兹变宽。

在通常的原子吸收实验条件下，吸收线轮廓主要受多普勒和洛伦兹变宽影响。当采用火焰原子化器时，洛伦兹变宽为主要因素。当采用无火焰原子化器时，多普勒变宽占主要地位。

（3）谱线强度

吸收谱线强度是指单位时间、单位体积内，基态原子吸收辐射能的总量。其大小决定于单位体积内的基态原子数、单位时间内基态原子的跃迁概率及谱线的频率。在一定条件下，吸收谱线强度与单位体积内基态原子数成正比。

3. 吸光度与被测元素浓度关系

（1）积分吸收

根据经典爱因斯坦理论，谱线的积分吸收与单位体积原子蒸气中基态原子数关系为：

$$\int K_\nu \mathrm{d}\nu = \frac{\pi e^2}{mc} f N_0 \tag{2-5}$$

式中，e 为电子电荷；m 为电子质量；c 为光速；f 为振子强度；N_0 为单位体积原子蒸气中基态原子的数目。

在通常原子吸收光谱分析条件下处于激发态的原子数很少，基态原子数可以近似地认为等于吸收原子数。在一定实验条件下，基态原子蒸气的积分吸收与试液中待测元素的浓度成正比。因此，如果能准确测量出积分吸收就可以求出试液浓度。然而要测出宽度只有 $10^{-3} \sim 10^{-2}$ nm 吸收线的积分吸收，就要采用高分辨率的单色器，在目前技术条件下还难以做到。所以原子吸收法无法通过测量积分吸收求出被测元素的浓度。

（2）峰值吸收

在吸收线宽度主要取决于多普勒变宽时，峰值吸收与积分吸收的关系为：

$$K_0 = \frac{2b}{\Delta \nu} \int K_\nu \mathrm{d}\nu \tag{2-6}$$

式中　K_ν——峰值吸收系数；

　　　$\Delta \nu$——吸收线的半宽度；

　　　b——与谱线变宽因素有关的常数。

将式（2-5）代入式（2-6）得：

$$K_0 = \frac{2b\pi e^2}{\Delta \nu} f N_0 \tag{2-7}$$

式（2-7）表示峰值吸收系数与单位体积内吸收原子数目关系。

在一定实验条件下，基态原子蒸气的峰值吸收与试液中待测元素的浓度成正比。因此可以通过峰值吸收的测量进行定量分析。

为了测定峰值吸收 K_0，必须使用锐线光源代替连续光源，也就是说，必须有一个与吸

收线中心频率 ν_0 相同，半宽度比吸收线更窄的发射线作光源，如图 2-2 所示。

（3）原子吸收实用关系式

原子吸收分光光度测定中的实用基本关系式可表达为：

$$A = K'c \qquad (2-8)$$

式中，A 为吸光度；c 为待测元素的浓度；K' 为与实验条件有关的常数。式(2-8)表明，在确定的实验条件下，吸光度与待测元素浓度呈线性关系。

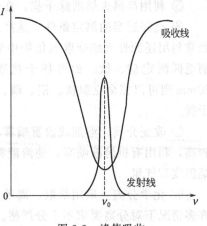

图 2-2 峰值吸收

4. 原子化过程

（1）火焰原子化过程

将溶液转变成雾滴，小雾滴进入火焰被干燥，被熔融蒸发，最后被原子化，原子蒸气吸收共振线被激发。

（2）无火焰原子化过程

不同于火焰原子化，石墨炉高温原子化采用直接进样和程序升温方式，样品测定需经过干燥→灰化→原子化→净化 4 个阶段。在石墨炉中随着待测元素的原子化，基态原子的密度不断增大，同时又由于对流、扩散作用和发生再化合或凝聚而减少。

5. 干扰及消除方法

原子吸收法中遇到的干扰初步归纳起来有：化学干扰、电离干扰、背景吸收干扰、光谱干扰、物理干扰和其他干扰几种类型。

（1）化学干扰

化学干扰是指在溶液或火焰气相中发生的对待测元素有影响的化学反应。通常导致待测元素离解或基态原子化的程度发生变化。这种影响可以是正效应，也可以是负效应。化学干扰是一种选择性的干扰效应，它不仅取决于待测元素和干扰元素的性质，还与火焰类型、火焰温度、火焰状态、观测部位、共存的其他组分、喷雾器的性能、燃烧器的类型和雾滴大小等有关。

消除化学干扰的方法已有许多简单而有效的方法，但尚无一种通用的克服化学干扰的方法，需根据特定的分析对象设计干扰实验和消除干扰的方法，其中有如下几种方法。

① 加入释放剂。加入释放剂与干扰离子生成更稳定或更难挥发的化合物，从而使被测元素从与干扰元素形成的化合物中释放出来。如文献中多用镧或锶作为测定钙、镁时的释放剂。

② 加入保护剂。加入保护剂使待测元素不与干扰元素生成难挥发的化合物，从而使其不受干扰。保护剂可以是与待测元素形成稳定配合物（如加入 EDTA 抑制磷酸根对钙干扰）或是与干扰元素起作用（如 8-羟基喹啉消除铝对镁的干扰）。目前使用的保护剂有葡萄糖、蔗糖、乙二醇、甘油和甘露醇等。

③ 加入缓冲剂。在试样和标准溶液中均加入过量的某种元素使干扰影响不再变化。加入的过量的某种元素称缓冲剂。但这方法不仅使灵敏度显著降低，而且不是经常有效的。如用氧化亚氮-乙炔火焰测定钛时，当铝量大于 200mg/L 时，干扰趋于稳定。

④ 加入助熔剂。加入某些物质如氯化铵，它对一些高熔点被测物质起到助熔作用，有利于样品熔融蒸发或有助于被测物转变为氯化物从而起到克服干扰、提高灵敏度的作用。

⑤ 利用高温火焰消除干扰。在低温火焰中出现的干扰在高温火焰中可部分或完全消除。

⑥ 选择适当的测定条件。选择适当的燃助比和燃烧器高度有助于减小或克服干扰。如经常利用还原性火焰夺取氧化物中氧的办法来提高原子化程度。在氧化亚氮-乙炔火焰的红羽毛区测定硅、钛、铝可使干扰现象大大减少；在空气-乙炔火焰中若燃烧器高度选择20mm则可以完全克服铁、铝、磷、铁对镁的干扰和铁、磷对钙的干扰，减少铝、钛对钙的干扰。

⑦ 改变介质、溶剂或改善喷雾器性能。改变溶液介质，如在高氯酸介质中测铬灵敏度较高，利用有机溶液喷雾，使溶液黏度和表面张力改变，有利于提高喷雾效率，也能改变火焰温度和气氛。

⑧ 化学分离。采用萃取、离子交换、沉淀法等分离干扰元素，还可起到浓缩作用。在许多情况下对分离要求不十分严格。但该法麻烦、费时和可能带来玷污。

⑨ 采用标准加入法。该法只能消除"与浓度无关的化学干扰"。为判断标准加入法测定结果的可靠性，可采用稀释法检查稀释前后未知样品的最终结果是否一致。

石墨炉原子吸收分析的化学干扰其实质和火焰中一样，是分析元素与某共存物形成了化合物。这种化学反应有的在室温时就已发生，有的在升温时发生。引起化学干扰者除共存元素外，还有石墨炉本身，这是火焰法中不存在的。高温石墨炉中的化学干扰来自碳、气氛和基体成分，它们与待测金属元素生成难解离的碳化物、氮化物、氧化物和易挥发的氯化物，从而产生干扰。为消除化学干扰，主要采用基体改进、平台原子化、涂层石墨管等技术。

由于加入一种试剂抑制干扰的方法简单有效，因而得到普遍采用。

（2）电离干扰

由于某些易电离的元素在火焰中发生电离减少了参与原子吸收的基态原子数；反之，若火焰中存在能提供自由电子的其他易电离的元素，则使已电离的原子回到基态，使参与原子吸收的基态原子数增加。因此电离干扰对测定结果的影响有正负之分。

原子在火焰中的电离度与火焰温度和电离电位有关，火焰温度越高，元素的电离电位越低，电离度越大。电离干扰主要发生于电离电位较低的元素。如测定碱金属，使用高温火焰（如氧化亚氮-乙炔火焰）时，碱土金属和稀土元素也有显著电离。

元素在火焰中的电离度与电离平衡常数 K 及原子在火焰中的总浓度有关。

克服电离干扰的方法有两种：一是选择合适的火焰种类和火焰温度，二是加入消电离剂。一般的消电离剂的电离电位越低效果越好，常用的消电离剂有 $CsCl$、$NaCl$ 和 KCl 等。有时加入的消电离剂的电离电位比待测元素的电离电位要高，但由于加入的浓度较大，仍可抑制电离干扰。但消电离剂的浓度不能太大，否则会产生基体效应或容易堵塞燃烧器缝。

某些金属在氧化亚氮-乙炔火焰中的电离度及要完全消除电离干扰而需加入一定量的铯。

（3）光谱干扰

光谱干扰主要来自吸收线重叠干扰，以及在光谱通带内多于一条吸收线和在光谱通带内存在光源发射的非吸收线等。

原子吸收光谱分析中吸收线重叠干扰比发射光谱要少得多。当被测元素中含有吸收线重叠的两种元素时，无论测定哪一种元素都将产生干扰，$Co253.649nm$ 对 $Hg253.652nm$ 的干扰是典型的吸收线重叠干扰的例子。干扰大小取决于吸收线重叠程度，当两元素吸收线的波长差等于或小于 $0.03nm$ 时，认为吸收线重叠干扰是严重的。若当重叠的吸收线都是灵敏线时，即使相差 0.1nm 也明显显示出干扰。

为排除这种干扰，一是选用被测元素的其他分析线，二是预先分离干扰元素。也可以利用这种现象测定高含量元素，而避免高倍稀释引入的误差。如已报道了利用 Ge422.657nm 与 Ca422.673nm 的重叠，用 Ge 灯作光源测定高含量的钙。

在理想情况下，光谱通带内只存在一条吸收线。如果光谱通带内有几条吸收线，而且都参与吸收，例如在锰的最灵敏吸收线 279.5nm 近旁还有 279.8nm 和 280.1nm 两条灵敏度低的吸收线，当光谱通带为 0.7nm 时，它们也进入通带内，由于多重线各组分的吸收系数不一样，因此工作曲线为非线性的。而且由于多重线其他组分的吸收系数小于主吸收线的吸收系数，故测定灵敏度降低。上述干扰的消除可通过减小狭缝宽度的办法，但当两者的波长相差很小时，减小狭缝仍难消除，并使信噪比大大降低。

在光谱通带内存在光源发射的非吸收线，若它与分析用的谱线不能完全分开则产生干扰，造成这种干扰的原因如下。

① 具有复杂光谱的元素本身就发射出单色仪不能完全分开的谱线，如铁、钴、镍等。

② 使用多元素空心阴极灯时，其他元素可能在分析线近旁发射出单色仪不能完全分开的谱线。

③ 阴极材料中的杂质或充入的惰性气体产生的非吸收线所引起的干扰。

消除这种干扰常用方法是减小狭缝宽度，使光谱通带小到足以分离掉非吸收线；亦可采用另外的吸收线。如 Co240.72nm 比 252.136nm 灵敏，但前者只允许用 0.2nm 的通带，而后者可允许用 0.65nm 的通带，信噪比比前者好。

（4）背景吸收干扰

背景吸收是一种非原子吸收信号，包括光散射、分子吸收和火焰气体的吸收等。

分子吸收是原子化过程中生成的，如氧化物、卤化物、氢氧化物等气体分子吸收光源辐射所引起的干扰，它是由分子的电子光谱、振动光谱和转动光谱组成的带状光谱。

在石墨炉中，分子吸收是在灰化、原子化阶段，某些稳定的化合物以分子形式激发进入吸收区或某些化合物分解形成的小分子进入吸收区产生的。

散射背景是指原子化过程中产生的固体微粒对光源辐射光的散射而形成的假吸收。当基体浓度大时，由于热量不足，基体物质不能全部蒸发，一部分以固体微粒状态存在。微粒散射光强度与微粒本身的大小和入射光的波长有关，当微粒的直径小于入射光的波长的 1/10 时，散射光强和波长的四次方成反比。随着微粒直径的增大，散射强度与波长无关。

散射对吸收线位于短波区的元素的测定影响较大，当基体浓度高时，或使用长光程火焰、发亮火焰或全消耗火焰进行测定时，更要注意散射的影响。

在原子吸收光谱法中，由分子吸收和光散射产生的表观的虚假吸收可以采用各种背景校正技术消除，最常用的一种是连续光源法（氘灯法），即用氘灯测定背景吸收，再从测得的表观总吸收值中减去背景吸收值，得到真实吸收值；另一种常用的方法是利用塞曼效应校正背景的方法。在火焰原子吸收中采用高温火焰和用与试样溶液相似成分的标准溶液作工作曲线的方法来消除背景吸收干扰。

（5）物理干扰

物理干扰是指试样在转移、蒸发和原子化过程中，由于试样任何物理性质的变化而引起吸收强度变化的效应。

在火焰原子吸收中，由于溶质的浓度和溶剂的变化引起的黏度和表面张力的变化，使进样速度和喷雾效率发生改变，影响到吸收强度。通常使用有机溶剂可以提高测定的灵敏度的原因就是利用了这种物理干扰。

在无火焰原子吸收中物理干扰包括以下几点。

① 进样。进样体积大小、位置和几何形状都会产生影响。

② 记忆效应。待测元素残留在原子化器中造成的积累干扰称作记忆效应。

③ 石墨管表面状态改变。在使用过程中使其表面变得疏松多孔导致样品流失和渗透，使扩散损失增大。

④ 冷凝作用。石墨管中央温度高而两端低，当原子化蒸气从高温区向低温区迁移时，可能发生原子蒸气的冷凝。

火焰法中消除物理干扰的方法如下。

① 配制与被测试样组成相似的标准溶液。

② 当样品溶液浓度较高时，可稀释样品溶液。

③ 用多道原子吸收分光光度计时，采用内标法。

④ 采用标准加入法。

在无火焰原子吸收法中消除物理干扰的方法有：采用自动进样器以保证进样条件一致；为减少记忆效应而提高原子化温度和延长原子化时间，在一次测量之后用空烧或增加一步高温清洗，采用涂层石墨管；为减少石墨炉产生的误差要经常校正，发现不适于定量时及时更换石墨管。

三、原子吸收光谱仪

1. 原子吸收光谱仪的类型

原子吸收光谱仪由光源、原子化器、分光系统、检测系统和显示系统五部分组成。按光束形式可分为单光束和双光束两类，按包含"独立"的分光和检测系统的数目又可分为单道、双道和多道。目前普遍使用的是单道单光束或单道双光束原子吸收分光光度计。单光束原子吸收光谱仪的基本结构如图 2-3 所示。

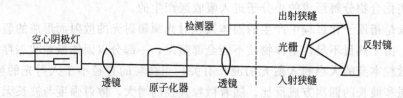

图 2-3　单光束原子吸收光谱仪

2. 原子吸收光谱仪的结构

（1）光源

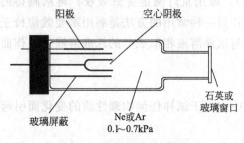

图 2-4　空心阴极灯的结构

① 空心阴极灯。空心阴极灯的结构如图 2-4 所示。空心阴极灯是阴极为空心阴极的一种特殊形式的低压辉光放电光源，阴极表面的相应元素的原子进入放电空间是阴极溅射和热蒸发作用的结果。而发射被测元素的特征辐射是放电过程中积聚在空心阴极内的相应元素与电子、惰性气体原子以及离子相互间发生非弹性碰撞而被激发产生的。空心阴极灯发射出的特征谱线半宽主要取

决于多普勒变宽和自吸变宽，在正常的工作电流下均可忽略，故发射的是锐线光谱。

② 无极放电灯。无极放电灯亦称微波激发无极放电灯。它是在石英管内放入少量金属或其卤化物，抽真空，并充入几百帕压力的氢气后封闭，将它放在高频电场中激发发光。无极放电灯的结构如图 2-5 所示。

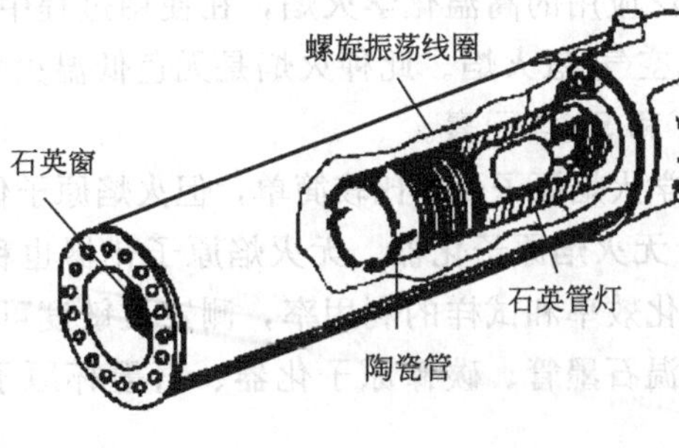

此种光源的发射强度比空心阴极灯强 100～1000 倍，且主要是共振线，故目前对此光源的研究和应用逐渐增多。

图 2-5　无极放电灯

（2）原子化器

原子化器的作用是使各种形式的试样解离出在原子吸收中起作用的基态原子，并使其进入光源的辐射光程。样品的原子化是原子吸收光谱分析的一个关键。元素测定的灵敏度、准确性及干扰情况，在很大程度上取决于原子化的情况。因此要求原子化器有尽可能高的原子化效率，稳定性、重现性好，背景和噪声小，装置简单。常用的原子化器有火焰原子化器和无火焰原子化器两类。

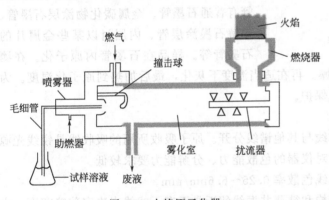

图 2-6　火焰原子化器

① 火焰原子化器。火焰原子化包括两个步骤，首先将试样溶液变成细小的雾滴（雾化阶段）；其次是使小雾滴接受火焰供给的能量形成基态原子（原子化阶段）。所以火焰原子化器系统由雾化器、预混合室、燃烧器组成（图 2-6）。

雾化器的作用是使试样溶液雾化。对雾化器的要求是雾化效率高、雾滴细、喷雾稳定。预混合室的作用是使试液进一步雾化并与燃气均匀混合，理想的预混合室主要是使气溶胶匀化、粒分布范围窄、预混均匀，以获得稳定的层流火焰。燃烧器的作用是产生火焰并使试样原子化。一个良好的燃烧器应当具有原子化效率高、噪声小、火焰稳定的特点。根据构造不同，燃烧器可分为两种，即预混合型（层流）燃烧器和全消耗型（紊流）燃烧器。前者通常是使试样、燃料和助燃氧化剂在进入火焰之前预先混合均匀，后者则是试样的雾滴、燃料和助燃剂同时进入火焰而无预混合的过程。在原子吸收光谱分析中都采用预混合型。

按火焰提供方法不同，火焰原子化器又可分为化学火焰原子化器和等离子火焰原子化器。化学火焰原子化器常用的火焰包括以下几种。

a. 空气-煤气（丙烷）火焰。火焰温度大约为 1900K，适用于分析那些生成的化合物易挥发和解离的元素，如碱金属、Cd、Cu、Pb、Ag、Zn、Au 及 Hg 等。

b. 空气-乙炔火焰。这种火焰温度比空气-煤气火焰高，是广泛应用的一种化学火焰。适于 30 多种元素的测定。

c. 氧化亚氮-乙炔火焰。此种火焰燃烧速度低、火焰温度高。大约可测定 70 种元素，是目前广泛应用的高温化学火焰，在使用过程中，禁止调节雾化器。

d. 空气-氢火焰。此种火焰是无色低温火焰。适于测定易电离的金属元素，尤其是测定As、Se 和 Sn 等元素。

化学火焰原子化器比较简单，但火焰原子化效率低，普通雾化器的效率仅为 10%～30%。

② 无火焰原子化器。无火焰原子化器也称为电热原子化器，应用这种装置提高了试样的原子化效率和试样的利用率，测定灵敏度可增加 10～20 倍。无火焰原子化器有多种类型：电热高温石墨管、碳棒原子化器、石墨杯原子化器、钽舟、镍杯、高频感应炉、等离子喷焰等。

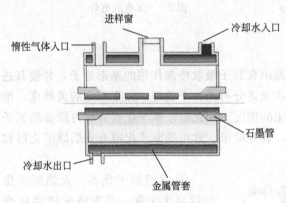

图 2-7　高温石墨管原子化器

石墨管原子化器是使用最普遍的一种原子化器，其实质就是一个石墨电阻加热器。高温石墨管原子化器如图 2-7 所示。常用的石墨管外径 6mm，内径为 4mm，长为 30mm 左右，管的中央上方开有进样口，以便用微量进样器将试液注入石墨管内。用大电流（400～600A，10～15V）加热石墨管，最高温度可达 3400℃。使用的石墨管有普通石墨管、金属碳化物涂层石墨管、热解石墨涂层管、内层衬以某些金属片的石墨管等。样品在石墨管内原子化。在测定时先用小电流在 100℃左右进行干燥。再在适当温度下灰化，最后加热到原子化温度。为防止试样及石墨管氧化，需通以氩气保护。

（3）单色器

分光系统的作用是将欲测的吸收线与其他谱线分开。原子吸收所用的吸收线是锐线光源发出的共振线，谱线比较简单，因此对仪器的色散能力、分辨能力要求较低。

目前商品仪器多采用光栅，其倒线色散率 0.25～6.6nm/mm。

在实际工作中，通常根据谱线结构和欲测共振线邻近是否有干扰线来决定狭缝宽度，由于不同类型的仪器的单色器的倒线色散率不同。故不用具体的狭缝宽度，而用"单色器通带"表示缝宽更具普遍意义。单色器通带＝缝宽(mm)×倒线色散率(nm/mm)，在具体分析时，缝宽通过实验来选定。

（4）检测系统

测光系统由光电元件和放大器组成。光电元件一般采用光电倍增管，原子吸收工作光域通常为 190～800nm。放大器分直流放大与交流放大两种。由于直流放大不能排除火焰中待测元素原子发射光谱的影响，故已趋淘汰，目前广泛采用的是交流选频放大和相敏放大器。

（5）显示系统

电信号经测光系统放大、检波后，可以分别采用表头、检流计、数字显示器或记录器、打印机等进行读数。现代生产的仪器具有对数转换、自动调零、曲线校直、浓度直读、标尺扩展、自动增益等性能，并附有记录器、打印机、自动进样器、阴极射线管荧光屏及计算机等装置。这些装置大大提高了原子吸收仪器的自动化或半自动化程度。

3. 原子吸收光谱仪的使用

（1）AA-6300 型原子吸收光谱仪

① 简介。岛津 AA-6300 型原子吸收光谱仪结合两种背景校正功能：D_2 法（氘灯法）和 SR 法（自吸收法），可根据要测定的样品选择合适的背景校正方法。

岛津 AA-6300 型的用户只需简单地切换原子化器，即可改变测定方式，因此可简单、快速地在火焰测定和石墨炉测定之间进行来回切换。此外，从手动操作一直到使用自动进样器的自动连续多元素测定，有多种测定操作方式可供选择。这样，可根据待测样品、元素的数量和性质以及操作者的熟练程度进行权衡，选择适用的测定操作方式。

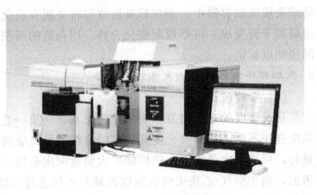

图 2-8 AA-6300 原子吸收光谱仪

控制 AA-6300 的 PC 软件在 Windows2000TM 环境下运行，具有 Wizard 参数设置功能，使操作者即使作为原子吸收分光光度计的初学者，也能简单地设置测定条件。此外，硬件有效性检验功能作为标准功能配备在软件中，允许用户检查 AA-6300 的性能。利用该功能可进行 IQ/OQ 等类似的系统适用性管理。

② 仪器外观。岛津 AA-6300 型原子吸收光谱仪外观如图 2-8 所示。

（2）火焰原子吸收光谱仪的通用使用方法

① 准备工作。检查仪器各个部件是否正常，安装空心阴极灯。

② 开机预热。打开主机电源，打开电脑电源，启动工作站。

③ 选择空心阴极灯。根据样品选择合适的空心阴极灯。

④ 设置参数。设置操作条件，如波长、灯电流、光谱带宽、负高压、燃烧器高度。

⑤ 吸光度测量。编辑测定方法，通入空气和乙炔立即点火。进样后读取吸光度。

⑥ 关机。喷洗火焰原子化器，关闭乙炔和空气；关闭工作站，关闭主机和电脑电源。

四、定量分析

原子吸收光谱分析的一般步骤包括样品制备、测定条件的选择和分析方法的确定。

1. 样品制备

（1）取样

要有代表性，取样量多少取决于试样中被测元素性质、含量、分析方法及测定要求。

（2）被测试样的处理

一般对溶液样品视试样浓度进行稀释或浓集。水溶液样品和水溶性液体及固体样品用水稀至合适浓度范围，有机样品可用甲基异丁酮、石油溶剂或其他合适的有机溶剂稀至样品黏度和水黏度相近。固体样品先要用合适的溶剂和方法溶解。

（3）被测元素的分离和富集

分离共存干扰组分同时使被测组分得到富集是提高痕量组分测定相对灵敏度的有效途径。目前常用来分离和富集的方法有沉淀和共沉淀法、萃取法、离子交换法、浮选分离富集技术、电解预富集技术，及应用泡沫塑料、活性炭等的吸附技术。从原则上说，在化学分析和其他仪器分析中用于试样预处理的分离方法也适用于原子吸收光谱分析。

（4）标准样品的配制

标准样品溶液的组成要尽可能接近未知试样的组成。标准储备溶液的浓度最好不要低于1.000mg/mL，在配制时一般加入少量酸以免器皿表面吸附，通常储存于聚四氟乙烯、聚乙烯或硬质玻璃容器中。非水标准溶液可将金属有机化合物溶于适宜的有机溶剂中配制（或将金属离子转变成）可萃取配位化合物，用合适的溶剂萃取，通过测定水相中的金属离子含量间接加以标定。

2. 火焰原子吸收光谱测定条件的选择

（1）吸收波长

从灵敏度的观点出发，通常选择由基态向第一受激态跃迁的共振吸收线作分析线。分析线应选用不受干扰而吸光度又适度的谱线，最灵敏线往往用于测定痕量元素，在测定较高含量时，可选用次灵敏线。这样能扩大测量浓度范围，减少试样不必要的稀释操作。从稳定性考虑，由于空气-乙炔火焰在短波区域对光的透过性较差、噪声大，若灵敏线处于短波方向，则可以考虑选择波长较长的次灵敏线。

（2）光谱通带宽度的选择

光谱通带宽度直接影响测定灵敏度和校准曲线的线性范围，单色器的光谱通带宽度取决于出射狭缝宽度和倒数线色散率。

（3）空心阴极灯的工作电流

一般是在保证稳定放电和合适的光强输出前提下，尽可能选用较低的工作电流。灯电流高，灯丝发热量大，导致热变宽和压力变宽，并增加自吸收，使辐射的光强度降低，结果使灵敏度下降、校正曲线下弯，灯寿命缩短。寻找最佳工作电流的方法是在固定其他测量条件下，喷雾取某一固定浓度溶液，改变灯电流和增益负高压数值，测量吸光度，绘制吸光度-灯电流关系曲线。以选择灵敏度高，增益负高压在300～800V之间的值为佳。为了使灯的光强度达到稳定输出，一般需预热10～30min，若灯发射的能量已稳定，仪器基线稳定，测定几个标准溶液，若吸光度值稳定，说明预热时间已够。为使空心阴极灯发射强度稳定，要保持空心阴极灯石英窗口洁净，点亮灯后要盖好灯室盖子，测量过程不要打开，使外界环境不破坏灯的热平衡。

（4）原子化条件的选择

① 火焰的选择。不同的元素可选择不同种类的火焰，原则是使待测元素获最大原子化效率。易原子化的元素用较低温火焰，反之就需要高温火焰。当火焰选定后，要选用合适的燃气和助燃气的比例。对于难原子化元素宜选用富焰，对于那些氧化物不十分稳定的元素可采用贫焰或化学计量火焰。调节时要在燃烧点火的工作条件下调节，并经常检查一下设定值是否有变动，并及时校正。

② 燃烧器高度的选择。选择火焰燃烧器高度，要使来自空心阴极灯的辐射从自由原子浓度最大的火焰区域通过，以获得最高灵敏度。其实验方法可在其他测试条件不变的条件下，测量喷雾待测元素的标准溶液，改变燃烧器高度，测其吸光度，绘制吸光度对燃烧器高度的关系曲线，找出最佳燃烧器高度。

③ 燃烧器角度的选择。在通常情况下其角度为0°，即燃烧器缝口与光轴方向一致。在测高浓度试样时，可选择一定的角度，当角度为90°时，灵敏度仅为0°时的1/20。

④ 试液提升量的选择。提升量的观测方法是：试液装至量筒刻度，开始吸喷时计时，求出每分钟吸入量。

调节提升量的方法，是根据试液黏度选用适当粗细的毛细管，然后改变压缩空气的压强来调节提升量至所需值。为保持恒定的提升量，要固定试样溶液位置。试液温度要与室温一致，各连接处勿漏气。

3. 无火焰原子吸收光谱测定条件的选择

在无火焰原子吸收测定中仪器参数的选择，包括波长、光谱通带和灯电流的选择等，其原则和火焰原子吸收法相同。

(1) 原子化器种类的选择

一般中低温原子化元素选择普通石墨管原子化器，对于容易生成难熔碳化物的金属元素，如 Ti、Zr 等，可选用热解涂层石墨管或金属舟皿、金属涂层的石墨管。一些元素，如 Pt、Rt 等与 W、Ta 在高温下能生成金属间化合物，故不宜用涂 W、Ta 的原子化器。

(2) 原子化器位置的调节

在光路调整好后，插入石墨炉并进行位置调节，以光经过石墨炉后光强损失最小为佳。对棒状原子化器定位十分严格，通常调整到让光路紧贴在棒的上方通过，舟皿原子化器亦如此。

(3) 载气选择

可使用惰性气体氩或氮作载气，通常使用的是氩气。采用氮气作载气时要考虑高温原子化时产生 CN 带来的干扰。载气流量影响灵敏度和石墨管寿命，目前大多采用内外单独供气方式，外部供气是不间断的，流量在 $1\sim5L/min$；内气流在 $60\sim70mL/min$，在原子化期间可停气，内气流的大小随元素而定，可通过试验确定。

(4) 冷却水

为使石墨管温度迅速降至室温，通常使用水温为 20℃，水流量为 $1\sim2L/min$ 的冷却水，可在 $20\sim30s$ 冷却，水温不宜过低，流速不宜过大，以免在石墨锥体或石英窗上产生冷凝水。

(5) 石墨管的清洗

为消除记忆效应，可在原子化完成后，一般在 3000℃，采用空烧的方法来清洗石墨管以除去残余的基体和待测元素。但时间宜短，否则使石墨管寿命大为缩短。

4. 定量分析

(1) 标准曲线法

先配制一系列浓度不同的标准溶液，在与试样相同条件下，分别测量其吸光度。将吸光度与对应浓度作图，所得直线称标准曲线或工作曲线；然后测定试样的吸光度，再从标准曲线上查出试样溶液的浓度。

【例 2-1】　大气降水中镁含量的测定：用 10mL 吸量管分别加入 0.00mL、2.00mL、4.00mL、6.00mL、8.00mL、10.00mL 镁标准溶液（5μg/mL）置于 6 个 100mL 容量瓶中，用蒸馏水稀释至刻度，再加硝酸镧溶液 2.0mL，摇匀。用 10mL 吸量管分别加入 10.00mL 大气降水置于 3 个 100mL 容量瓶中，再加硝酸镧溶液 2.0mL，摇匀。以镁空心阴极灯为光源，使用乙炔-空气火焰，在 285.2nm 波长处，用水调零后，测量溶液的吸光度。标准系列吸光度分别为 0.000、0.102、0.201、0.302、0.400、0.498，试样溶液吸光度为 0.314、0.316、0.315，求大气降水中镁含量。

解：绘制 A-c 工作曲线，如图 2-9 所示。在工作曲线上查得试样溶液吸光度对应的浓度。

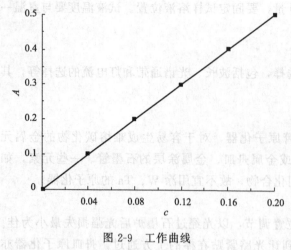

图 2-9　工作曲线

大气降水中镁含量为：$c_{Mg} = \dfrac{m}{V} =$

$$\dfrac{0.126\mu g/mL \times 100mL}{10mL} = 1.26\mu g/mL$$

（2）标准加入法

在一组等量被测试样中，分别加入 c_0、c_1、c_2、c_3…的被测元素，然后测定其吸光度，绘制吸光度与加入量的工作曲线。此工作曲线不过原点，外延工作曲线与横坐标相交，坐标原点和交点的距离即为所求的被测试样被测元素的含量。

【例 2-2】　固体废弃物中铅含量的测定：分别移取 10.00mL 铅浸出液于 100mL 容量瓶中，分别加入 0.00mL、0.50mL、1.00mL、1.50mL、2.00mL 浓度为 40.0$\mu g/mL$ 的铅标准溶液，用硝酸溶液稀释至 50mL，摇匀。以铅空心阴极灯为光源，使用贫燃的乙炔-空气火焰，使用 1nm 的通带宽度，在 283.3nm 波长处，用硝酸溶液调零后，测量溶液的吸光度。测得吸光度为：0.101、0.298、0.502、0.687、0.901，求固体废弃物中铅含量。

解　绘制 A-c 工作曲线如图 2-10 所示。

由工作曲线查得浓度为 1$\mu g/mL$。

$$\rho_x = \dfrac{\rho \times 100}{10} = 10\mu g/ml$$

当被测样品的组成不确定，而其量足够时可采用此法，但"与浓度有关的化学干扰"不能用这方法消除。在使用此种方法时要注意：一般采用加入四个量来制作加入法的外推曲线；只适用于线性范围；不能消除分子吸收干扰，只有在扣除背景吸收后，才能使用。

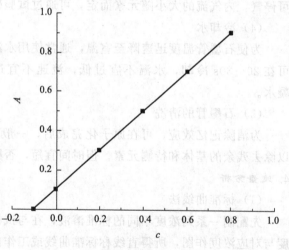

图 2-10　标准加入法

五、特点和应用

1. 原子吸收光谱法的特点

① 灵敏度高。火焰原子化器的检出限为 10^{-6} g/mL，无火焰原子化器的检出限为 $10^{-10} \sim 10^{-14}$ g。

② 准确度高。火焰原子化法的相对误差小于 1%，无火焰原子化法的相对误差为 2%～5%。

③ 选择性好。光谱干扰少，且容易消除。

④ 操作简便，分析速度快。测定过程一般只需要几分钟即可完成测定。

⑤ 试样用量少。无火焰原子法液体进样量为 1～50μL，固体只需 0.1～10mg。

⑥ 用途广泛。可以直接测定 70 多种金属元素，也可以用间接方法测定非金属（卤素、硫、磷、氮、砷、硒等）及许多有机化合物（维生素 B_1、葡萄糖、核糖核酸酶等）。

⑦ 不足之处。常测定一种元素，需要更换相应的空心阴极灯；复杂组分仍在干扰，仍需采取抑制干扰的办法；对某些元素（钍、铪、银、钽等）的测定灵敏度低。

2. 原子吸收光谱法的应用

目前原子吸收光谱已经广泛应用于石油及其产品、工业废水、大气漂尘、塑料、纤维、橡胶、各种催化剂及其添加剂中微量元素的测定。

习 题

1. 何谓积分吸收和峰值吸收？测量峰值吸收的条件是什么？

2. 使谱线变宽的主要因素是什么？对原子吸收的测量有什么影响？

3. 何为锐线光源？为什么原子吸收光谱要使用锐线光源？

4. 简述火焰的类型及其应用。

5. 简述消除背景干扰的方法及其原理。

6. 简述原子荧光光谱产生的原因及其类型。

7. 试从原理、仪器和应用等方面比较原子吸收光谱和紫外-可见分光光度法的异同点。

8. 用原子吸收分光光度计对浓度为 3.00mg/L 的 Ca 标准溶液进行测定，测得透光率为 48%，计算其灵敏度。

9. 用冷原子吸收法测定排放废水中的微量 Hg，分别吸取试液 10.00mL 于一组 25mL 的容量瓶中，加入不同体积的标准 Hg 溶液（质量浓度为 0.400mg/L），稀释至刻度。测得下列吸光度：

V(Hg)/mL	0.00	0.50	1.00	1.50	2.00	2.50
A	0.067	0.145	0.222	0.294	0.371	0.445

在相同条件下做空白实验，吸光度 A 为 0.015。计算每升水样中 Hg 的质量浓度。

10. 用原子吸收光谱法测定尿中 Cu。采用标准加入法，在 324.8nm 处测得的结果如下：

加入铜标准溶液/(μg/mL)	0.00	2.00	4.00	6.00	8.00
吸光度	0.280	0.440	0.600	0.757	0.912

试计算尿中 Cu 的浓度为多少？

11. 用原子吸收光谱法测定水样中 Co 的含量。分别吸取水样 10.0mL 于 5 只 50mL 容量瓶中，然后在容量瓶中加入不同体积的 6.23μg/mL 的 Co 标准溶液，并稀释至刻度。测得的吸光度如下：

溶液号	1	2	3	4	5	6
水样体积/mL	0	10	10	10	10	10
加入钴标准溶液体积/mL	0.00	0.00	10.0	20.0	30.0	40.0
吸光度	0.042	0.201	0.292	0.378	0.467	0.554

试计算 Co 的含量为多少？

12. 用原子吸收光谱法测定试液中的 Pb，准确移取 50mL 试液 2 份。用铅空心阴极灯在波长 283.3nm 处，测得一份试液的吸光度为 0.325。在另一份试液中加入浓度为 50.0mg/L 铅标准溶液 300μL，测得吸光度为 0.670。计算试液中铅的浓度（mg/L）为多少？

情境三

委托样品检验（电位分析法）

能力目标

(1)能熟练使用酸度计、离子计、自动电位滴定计；

(2)能对仪器进行调试、维护和保养，能准确判断仪器的常见故障，能排除仪器的简单故障；

(3)能按国家标准和行业标准进行采样，能规范进行样品记录、交接、保管；

(4)能正确熟练使用天平(托盘天平、分析天平或电子天平)称量药品，使用玻璃仪器进行药品配制；

(5)能根据国家标准、行业标准等对石油化工、食品、药品等产品、半成品、原材料进行质量检验；

(6)能正确规范记录实验数据，熟练计算实验结果，正确填写检验报告；

(7)能正确评价质量检验结果、分析实验结果和误差并消除误差；

(8)能熟练使用计算机查找资料、使用 PPT 汇报展示、使用 WORD 整理实验资料和总结结果；

(9)能掌握课程相关的英语单词，阅读仪器英文说明书，对于英语能力高的学生可以进行简单的仪器使用相关的英文对话；

(10)能与组员进行良好的沟通，能流畅表达自己的想法，能解决组员之间的矛盾。

知识目标

(1)掌握酸度计、离子计、自动电位滴定计的结构组成、工作原理；

(2)了解酸度计、离子计、自动电位滴定计的种类及同种分析仪器的性能的差别优劣；

(3)掌握酸度计、离子计、自动电位滴定计进行质量检验的实验分析方法、计算公式；

(4)熟悉企业质量检验岗位的工作内容和工作流程；

(5)熟悉酸度计、离子计、自动电位滴定计的常见检测项目、检测方法、检测指标；

(6)掌握常见检测项目的反应原理，干扰来源，消除方法；

(7)掌握有效数字定义、修约规则、运算规则、取舍，实验结果记录规范要求；

(8)掌握实验结果的评价方法，掌握实验结果误差的种类及消除方法；

(9)掌握样品的采集方法，了解样品的交接和保管方法；

(10)掌握实验室的安全必知必会知识，及实验室管理知识。

素质目标

(1)具有良好的职业素质；

(2)具有实事求是、科学严谨的工作作风；

(3)具有良好的团队合作意识；

(4)具有管理意识；

(5)具有自我学习的兴趣与能力；

(6)具有环境保护意识；

(7)具有良好的经济意识；

(8)具有清醒的安全意识；

(9)具有劳动意识；

(10)具有一定计算机、英语应用能力。

子情境一　工业循环冷却水 pH 值的测定
（直接电位法-浓度直读法）

一、采用标准

GB/T 1576—2008 工业锅炉水质。

GB/T 6904—2008 工业循环冷却水及锅炉用水中 pH 的测定。

二、方法原理

将规定的指示电极和参比电极浸入同一被测溶液中，成一原电池，其电动势与溶液的 pH 有关。通过测量原电池的电动势即可得出溶液的 pH。

三、仪器试剂

1. 仪器

① 一般实验室仪器。

② 酸度计，分度值为 0.02pH。

2. 试剂

在未注明其他要求时，所用试剂和水为分析纯试剂和 GB/T 6682—2008 中规定的三级水。

① 苯二甲酸盐缓冲溶液（0.05mol/L）：称取 10.24g 预先于（110±5）℃干燥 1h 的苯二甲酸氢钾，溶于无二氧化碳的水中，稀释至 1000mL。

② 磷酸盐缓冲溶液（0.025mol/L）：称取 3.39g 磷酸二氢钾和 3.53g 磷酸氢二钠溶于无二氧化碳的水中，稀释至 1000mL。磷酸二氢钾和磷酸氢二钠预先在（120±10）℃干燥 2h。

③ 硼酸盐缓冲溶液（0.01mol/L）：称取 3.80g 十水合四硼酸钠，溶于无二氧化碳的水中，稀释至 1000mL。

不同温度时各缓冲溶液的 pH 值列于表 3-1。

表 3-1　不同温度缓冲溶液 pH 值

温度/℃	pH		
	苯二甲酸盐缓冲溶液	磷酸盐缓冲溶液	硼酸盐缓冲溶液
10	4.00	6.92	9.33
15	4.00	6.90	9.28
20	4.00	6.88	9.23
25	4.01	6.86	9.18
30	4.01	6.85	9.14

四、分析步骤

1. 试样的采集

① 采样时，打开阀门，充分冲洗采样管道，必要时采用变流量冲洗。

② 水样的存放时间受其性质、温度、保存条件及试验要求等因素影响，采集水样后应及时分析，如遇特殊情况存放时间不宜超过 72h。

2. 调试

① 按酸度计说明书安装调试仪器。

② 温度补偿：调节 pH 计温度补偿旋钮至所测试样温度值。

③ 定位和斜率校正：选择两种缓冲溶液，使其中一种的 pH 大于并接近试样的 pH，另一种小于并接近试样的 pH。分别在定位和斜率校正挡校正缓冲溶液在该温度下的 pH。重复操作直到其读数与缓冲溶液的 pH 相差不超过 0.02pH。

3. **测定**

① 用分度值为 1℃ 的温度计测量试样的温度。

② 把试料放入一个洁净的烧杯中，并将酸度计的温度补偿旋钮调至所测试的温度。浸入电极，摇匀，测定。

注：冲洗电极后用干净滤纸将电极底部水滴轻轻吸干，注意勿用滤纸擦电极，以免电极带静电，导致读数不稳定。

五、数据记录

	试样测定		
试样编号	1	2	3
测得 pH 值			
试样的 pH 值			

	数据评价		
数据指标	测得数据结果	最终数据结论	
质量指标	测得质量结果	最终质量结论	

六、结果计算

取平行测定结果的算术平均值为测定结果。

七、数据评价

在重复性条件下，平行测定结果的绝对差值不大于 0.1pH。

八、结果表示

被测试样的 pH 应精确到 0.1pH，被测试样温度应精确到 1℃。

九、质量评价

锅炉（锅外水处理的自然循环蒸汽，$p \leqslant 1.0$MPa）给水的 pH 值（25℃）为：pH＝7.0～9.0。

子情境二　化学试剂三水合乙酸钠 pH 值的测定
（直接电位法-浓度直读法）

一、采用标准

GB/T 693—1996 化学试剂　三水合乙酸钠（乙酸钠）。

GB/T 9724—2007 化学试剂　pH 值测定通则。

二、方法原理

将规定的指示电极和参比电极浸入同一被测溶液中，构成一原电池，其电动势与溶液的 pH 有关，通过测量原电池的电动势即可得出溶液的 pH 值。

三、仪器试剂

1. 仪器

① 一般实验室仪器。

② 酸度计，分度值为 0.02pH。

2. 试剂

在未注明其他要求时，所用试剂和水为分析纯试剂和 GB/T 6682—2008 中规定的三级水。

① 苯二甲酸盐缓冲溶液（0.05mol/L）：称取 10.24g 预先于（110±5）℃干燥 1h 的苯二甲酸氢钾，溶于无二氧化碳的水中，稀释至 1000mL。

② 磷酸盐缓冲溶液（0.025mol/L）：称取 3.39g 磷酸二氢钾和 3.53g 磷酸氢二钠溶于无二氧化碳的水中，稀释至 1000mL。磷酸二氢钾和磷酸氢二钠预先在（120±10）℃干燥 2h。

③ 硼酸盐缓冲溶液（0.01mol/L）：称取 3.80g 十水合四硼酸钠，溶于无二氧化碳的水中，稀释至 1000mL。

四、分析步骤

1. 试料的制备

称取 50.0g 试样，用水溶解，稀释至 1000mL，摇匀。

2. 调试

① 按酸度计说明书安装调试仪器。

② 温度补偿：调节 pH 计温度补偿旋钮至所测试样温度值。

③ 定位和斜率校正：选择两种缓冲溶液，使其中一种的 pH 大于并接近试样的 pH，另一种小于并接近试样的 pH。分别在定位和斜率校正挡校正缓冲溶液在该温度下的 pH。重复操作直到其读数与缓冲溶液的 pH 相差不超过 0.1pH。

3. 测定

① 用分度值为 1℃的温度计测量试样的温度。

② 把试料放入一个洁净的烧杯中，并将酸度计的温度补偿旋钮调至所测试的温度。浸入电极，摇匀，测定。

③ 为了测得准确的结果，将样品溶液分成 2 份，分别测定，测得的 pH 值读数至少稳定 1min。

五、数据记录

试样测定		
试样编号	1	2
测得 pH 值		
试样的 pH 值		
数据评价		
数据指标	测得数据结果	最终数据结论
质量指标	测得质量结果	最终质量结论

六、结果计算

两次测定结果的算术平均值为测定结果。

七、数据评价

在重复性条件下，两次平行测定结果的允许误差不得大于±0.02pH。

八、结果表示

被测试样的 pH 应精确到 0.1pH，被测试样温度应精确到 1℃。

九、质量评价

化学试剂三水合乙酸钠的 pH 值（50g/L，25℃）为：pH＝7.5～9.0。

子情境三　水果 pH 值的测定（直接电位法-浓度直读法）

一、采用标准

GB/T 10468—1989 水果和蔬菜产品 pH 值的测定方法。

二、方法原理

将规定的指示电极和参比电极浸入水果和蔬菜处理液中，构成一原电池，其电动势与溶液的 pH 值有关，通过测量原电池的电动势即可得出水果和蔬菜产品的 pH 值。

三、仪器试剂

1. 仪器

① 一般实验室仪器。

② 酸度计，分度值为 0.02pH。

2. 试剂

在未注明其他要求时，所用试剂和水为分析纯试剂和 GB/T 6682—2008 中规定的三级水。

① 苯二甲酸盐缓冲溶液（0.05mol/L）：称取 10.24g 预先于（110±5）℃干燥 1h 的苯二甲酸氢钾，溶于二氧化碳的水中，稀释至 1000mL。

② 磷酸盐缓冲溶液（0.025mol/L）：称取 3.39g 磷酸二氢钾和 3.53g 磷酸氢二钠溶于无二氧化碳的水中，稀释至 1000mL。磷酸二氢钾和磷酸氢二钠预先在（120±10）℃干燥 2h。

四、分析步骤

1. 样品的制备

① 液体产品和易过滤的产品：将试验样品充分混合均匀。

② 稠厚或半稠厚的产品和难以分离出液体的产品：取一部分实验样品，在捣碎机中捣碎或在研钵中研磨，如果得到的样品仍较稠，则加入适量的水混匀。

2. 调试

① 按酸度计说明书安装调试仪器。

② 温度补偿

调节 pH 计温度补偿旋钮至所测试样温度值。

③ 定位和斜率校正

分别在定位和斜率校正挡校正缓冲溶液在该温度下的 pH 值。重复操作直到其读数与缓冲溶液的 pH 值相差不超过 0.1pH。

3. 测定

① 用分度值为 1℃的温度计测量试样的温度。

② 在玻璃或塑料容器中加入样品处理液，使其容量足够浸没电极，用酸度计测定处理

液，并记录 pH 值。同一制备样品至少进行两次测定。

五、数据记录

试样测定		
试样编号	1	2
测得 pH 值		
试样的 pH 值		
数据评价		
数据指标	测得数据结果	最终数据结论
质量指标	测得质量结果	最终质量结论

六、结果计算

平行测定结果的算术平均值为测定结果。

七、数据评价

在重复性条件下，两次连续平行测定结果之差不超过 0.1pH。

八、结果表示

样品的 pH 值应精确到 0.02pH。

子情境四　饮用水中氟化物含量的测定
（直接电位法-标准曲线法）

一、采用标准

GB 5749—2006 生活饮用水卫生标准。

GB/T 5750.5—2006 生活饮用水标准检验方法　无机非金属指标。

二、方法原理

氟化镧单晶对氟化物离子有选择性，在氟化镧电极膜两侧不同浓度氟溶液之间存在电位差，这种电位差通常称为膜电位。膜电位的大小与氟化物溶液的离子活度有关。氟电极与饱和甘汞电极组成一对原电池。利用电动势与离子活度负对数值的线性关系直接求出水样中氟离子浓度。

三、仪器试剂

1. 仪器

① 一般实验室仪器。

② 离子计，带氟离子选择性电极和饱和甘汞电极。

2. 试剂

在未注明其他要求时，所用试剂和水为分析纯试剂和 GB/T 6682—2008 中规定的三级水。

① 冰乙酸。

② 氢氧化钠溶液（400g/L）：称取 40g 氢氧化钠，溶于纯水中并稀释至 100mL。

③ 盐酸溶液（1+1）：将盐酸与纯水等体积混合。

④ 离子强度缓冲液：称取 59g 氯化钠、3.48g 柠檬酸三钠和 57mL 冰乙酸，溶于纯水中，用氢氧化钠溶液调节 pH 为 5.0～5.5 后，用纯水稀释至 1000mL。

⑤ 氟化物标准储备溶液（1mg/mL）：称取 105℃ 干燥 2h 的氟化钠 0.2210g，溶解于纯

水中，并稀释定容至100mL，摇匀。储存于聚乙烯瓶中。

⑥ 氟化物标准使用溶液（10μg/mL）：吸取氟化物标准储备溶液5.00mL置于500mL容量瓶中，用纯水稀释至刻度，摇匀。

四、分析步骤

1. 试料的制备

吸取10mL水样于50mL烧杯中。

2. 工作曲线的绘制

① 分别吸取氟化物标准使用溶液0mL、0.20mL、0.40mL、0.60mL、1.00mL、2.00mL和3.00mL于50mL烧杯中。

② 各加纯水稀释至10mL，加入10mL离子强度缓冲液。此标准系列浓度分别为0mg/L、0.20mg/L、0.40mg/L、0.60mg/L、1.00mg/L、2.00mg/L和3.00mg/L（以F^-计）。

③ 放入搅拌子于电磁搅拌器上搅拌水样溶液，插入氟离子电极和甘汞电极，在搅拌下读取平衡电位值（指每分钟电位值改变小于0.5mV，当氟化物浓度甚低时，约需5min以上）。

④ 以氟化物质量浓度的负对数为横坐标，电位值为纵坐标，绘制工作曲线。

注：标准溶液系列与水样的测定应保持温度一致。

3. 测定

取试料，加入10mL离子强度缓冲液。按2中步骤③进行电位值测定。

五、数据记录

绘制工作曲线							
加入标准溶液体积/mL	0.00	0.20	0.40	0.60	1.00	2.00	3.00
氟化物的质量浓度/(mg/L)							
质量浓度的负对数							
测得电位值							
相关系数							

试样测定			
试样编号	1	2	3
测得电位值			
查得质量浓度的负对数			
氟化物的质量浓度/(mg/L)			
氟化物的质量浓度/(mg/L)			

数据评价					
数据指标		测得数据结果		最终数据结论	
质量指标		测得质量结果		最终质量结论	

六、结果计算

在工作曲线上查得水样中氟化物的质量浓度。

七、数据评价

在重复性条件下，平行测定结果的相对标准偏差不大于1.9%。

八、结果表示

平行测定结果的算术平均值为测定结果。

九、质量评价

生活饮用水中氟化物的含量为：不大于1.0mg/L。

子情境五　食用盐中氟含量的测定
（直接电位法-标准加入法）

一、采用标准

GB 2721—2003 食用盐卫生标准。

GB/T 5009.42—2003 食盐卫生标准的分析方法。

二、方法原理

氟离子选择性电极的氟化镧单晶膜对氟离子产生选择性的对数响应，氟电极和饱和甘汞电极在被测试液中，电位差可随溶液中氟离子活度的变化而变化，电位变化规律符合能斯特方程式。

与氟离子形成配位化合物的铁铝等离子干扰测定，其他常见离子无影响。测量溶液的酸度为 pH=5～6，用总离子强度缓冲剂，消除干扰离子及酸度的影响。

三、仪器试剂

1. 仪器

① 一般实验室仪器。

② 离子计，带氟离子选择性电极和饱和甘汞电极。

2. 试剂

在未注明其他要求时，所用试剂和水为分析纯试剂和 GB/T 6682—2008 中规定的三级水。

① 离子强度缓冲液：称取无水乙酸钠 62.0g、柠檬酸钠 0.3g 和冰乙酸 15mL，溶解后稀释至 1L。

② 氟标准储备溶液（1mg/mL）：准确称取 0.2210g 经 95～105℃干燥 4h 的氟化钠，溶于水，移入 10mL 容量瓶中，加水至刻度，摇匀。置冰箱中保存。

③ 氟标准使用溶液（50μg/mL）：吸取 5.0mL 氟标准使用溶液置于 100mL 容量瓶中，加水稀释至刻度，摇匀。

四、分析步骤

1. 试料的制备

① 称取约 100g 试样，置于研钵中适当研细（粒径约 0.5mm）备用。

② 称取 2.00g 研细试样，置于 25mL 小烧杯中，加 10mL 水、10mL 离子强度缓冲液。

2. 测定

① 将试料放在磁力搅拌器上，浸入电极，搅拌 30min，于静态读取毫伏数为 E_1。

② 再加入 0.2mL 氟标准使用液，搅拌 10min，测得毫伏数为 E_2，此时 E_2 小于 E_1。同时记录测定时溶液温度。

五、数据记录

	试样测定	
试样编号	1	2
称量试样质量/g		
测得电位值 E_1/mV		
测得电位值 E_2/mV		

试样中氟的质量/mg			
试样中氟的含量/(mg/kg)			
试样中氟的含量/(mg/kg)			
数据评价			
数据指标		测得数据结果		最终数据结论	
质量指标		测得质量结果		最终质量结论	

六、结果计算

测定用试样中氟的质量按下式进行计算：

$$m_1 = \frac{c}{10^{\frac{\Delta E}{s}} - 1}$$

式中　c——加入已知氟的质量，单位为 $10\mu g$；

　　　ΔE——两次毫伏之差，即 $E_1 - E_2$；

　　　S——表示斜率，25℃时为 59.16mV。

试样中氟的含量按下式进行计算：

$$X = \frac{m_1 \times 1000}{m_2 \times 1000}$$

式中　X——试样中氟的含量，mg/kg；

　　　m_1——测定用试样中氟的质量，μg；

　　　m_2——试样质量，g。

七、数据评价

在重复性条件下，两次平行测定结果的绝对差值不得超过算术平均值的10%。

八、结果表示

取两次平行测定结果的算术平均值为测定结果，计算结果保留两位有效数字。

九、质量评价

食用盐中氟含量为：不大于 2.5mg/L。

子情境六　草酸钴中氯离子含量的测定
（直接电位法-标准曲线法）

一、采用标准

GB/T 26005—2010 草酸钴。

GB/T 23273.6—2009 草酸钴化学分析方法　第6部分：氯离子含量的测定　离子选择性电极法。

二、方法原理

用水加热浸取试料中的氯离子，在离子强度调节剂硝酸钠存在下，以氯离子选择性电极为指示电极和相应的参比电极为参比，用电位测量仪测定其电极电位值。在测定范围内，电极电位与氯离子浓度负对数呈线性关系，按标准曲线法计算氯离子量。

三、仪器试剂

1. 仪器

① 一般实验室仪器。

② 离子计，带氯离子选择性电极和 217 型带盐桥饱和甘汞电极。

2. 试剂

在未注明其他要求时，所用试剂和水为分析纯试剂和 GB/T 6682—2008 中规定的三级水。

① 硝酸钠溶液（5mol/L）：称取 42.5g 硝酸钠，溶于水，稀释至 100mL。

② 氯离子标准储存溶液（1mg/mL）：称取 0.1649g 氯化钠（基准试剂，预先经过550℃灼烧至恒重，并在干燥器中冷至室温）置于 150mL 烧杯中，用水溶解，移入 100mL容量瓶中，以水定容至刻线，摇匀。

③ 氯离子标准溶液（0.1mg/mL）：移取 20.00mL 氯离子储存溶液于 200mL 容量瓶中，以水定容至刻线，摇匀。

四、分析步骤

1. 试料的制备

① 称取 2.000g 试样（m_0），精确至 0.0001g。

② 将试料置于 250mL 烧杯中，加入约 35mL 水，放入搅拌棒，将烧杯置于可加热的电磁搅拌器上，加热至沸继续搅拌 5min 后，取下，冷至室温。

③ 若试样中氯离子质量分数为 0.015%～0.2%，则将溶液连同不溶物移入 50mL 容量瓶中，加入 2mL 硝酸钠溶液，以水定容至刻线，待测。

④ 若试样中氯离子质量分数＞0.2%～0.5%，则将溶液连同不溶物移入 100mL 容量瓶中，加入 4mL 硝酸钠溶液，以水定容至刻线，待测。

2. 工作曲线的绘制

① 分别移取 2.50mL、5.00mL 氯离子标准溶液和 2.50mL、5.00mL 氯离子标准储存溶液，置于一组 50mL 容量瓶中，加入 2mL 硝酸钠溶液，以水定容至刻线，摇匀。再将溶液移入干燥的 100mL 烧杯中。

② 插入氯离子选择性电极和饱和甘汞电极，将烧杯置于离子计上，在搅拌下测量其平衡电位值。

③ 以氯离子质量浓度的负对数为横坐标，电位值为纵坐标，绘制工作曲线。

3. 测定

移取 50mL 试料于干燥的 100mL 烧杯中，按 2 中步骤②进行平衡电位值的测量，从工作曲线上查出相应氯离子的质量浓度。

五、数据记录

绘制工作曲线				
标准溶液体积/mL	2.50	5.00	—	—
标准储存溶液体积/mL	—	—	2.50	5.00
氯离子的质量浓度/(g/L)				
质量浓度的负对数				
测得电位值				
相关系数				

续表

试样测定			
试样编号	1	2	3
测得电位值			
查得质量浓度的负对数			
氯离子的质量分数/%			
氯离子的质量分数/%			
数据评价			
数据指标	测得数据结果		最终数据结论
质量指标	测得质量结果		最终质量结论

六、结果计算

氯离子的质量分数按下式计算，数值以％表示：

$$w_{Cl^-} = \frac{\rho V \times 10^{-3}}{m_0} \times 100$$

式中　m_0——试样量，g；

　　　ρ——自工作曲线上查得的氯离子浓度，g/L；

　　　V——稀释体积，mL。

七、数据评价

在重复性条件下，平行测定结果的绝对差值不超过给定值。当氯离子的质量分数为 0.015％时，绝对差值不超过 0.003％；当氯离子的质量分数为 0.1％时，绝对差值不超过 0.015％；当氯离子的质量分数为 0.5％时，绝对差值不超过 0.07％。其他数据采用线性内插法求得。

八、结果表示

取平行测定结果的算术平均值为测定结果。

九、质量评价

草酸钴中氯离子的含量为：不大于 0.002％（牌号 CCoA、CCoB、CCoC），不大于 0.05％（CCoD）。

子情境七　白酒中总酸含量的测定
（电位滴定法-预设电位法）

一、采用标准

GB/T 10781.1—2006 浓香型白酒。

GB/T 10345—2007 白酒分析方法。

二、方法原理

白酒中的有机酸，采用氢氧化钠溶液进行中和滴定，当滴定接近等当点时，利用 pH 变化指示滴定终点。

三、仪器试剂

1. 仪器

① 一般实验室仪器。

② 电位滴定仪，带玻璃电极和饱和甘汞电极。

2. 试剂

在未注明其他要求时，所用试剂和水为分析纯试剂和 GB/T 6682—2008 中规定的三级水。

氢氧化钠标准滴定溶液（0.1mol/L）：称取 110g 氢氧化钠，溶于 100mL 无二氧化碳的水中，摇匀，注入聚乙烯容器中，密闭放置至溶液清亮。用塑料管量取 5.4mL 上层清液，用无二氧化碳的水稀释至 1000mL，摇匀。

四、分析步骤

1. 试料的制备

吸取样品 50.0mL 于 100mL 烧杯中。

2. 测定

① 按使用说明书安装并调试仪器，根据液温进行定位。

② 在试料中插入电极，放入一枚转子，置于电磁搅拌器上，开始搅拌。

③ 滴加氢氧化钠标液滴定溶液，初始阶段可快速滴加，当 pH=8.00 后，放慢滴定速度，每次滴加半滴溶液，直至 pH=9.00 为其终点，记录消耗氢氧化钠标准滴定溶液的体积。

五、数据记录

试样测定		
试样编号	1	2
消耗氢氧化钠体积/mL		
试样中总酸的含量/(g/L)		
试样中总酸的含量/(g/L)		

数据评价		
数据指标	测得数据结果	最终数据结论
质量指标	测得质量结果	最终质量结论

六、结果计算

样品中的总酸含量按下式计算：

$$X = \frac{cV \times 60}{50.0}$$

式中　X——样品中总酸的质量浓度（以乙酸计），g/L；

　　　c——氢氧化钠标准溶液的实际浓度，mol/L；

　　　V——测定时消耗氢氧化钠标准滴定溶液的体积，mL；

　　　60——乙酸的摩尔质量的数值，g/moL；

　　50.0——吸取样品的体积，mL。

七、数据评价

在重复性条件下，两次平行测定结果的绝对差值不应大于平均值的 2%。

八、结果表示

取两次平行测定结果的算术平均值为测定结果。

九、质量评价

浓香型白酒（酒精度 41%～68%，体积分数）中总酸（以乙酸计）含量为：不小于 0.40g/L（优级），不小于 0.30g/L（一级）。

浓香型白酒（酒精度 25%～40%，体积分数）中总酸（以乙酸计）含量为：不小于 0.30g/L（优级），不小于 0.25g/L（一级）。

子情境八　工业用碳酸氢铵中氯化物含量的测定
（电位滴定法-二阶微商法）

一、采用标准

GB 6275—86 工业用碳酸氢铵。

GB/T 6276.2—2010 工业用碳酸氢铵的测定方法　第 2 部分：氯化物含量　电位滴定法。

二、方法原理

在酸性的乙醇溶液中，以银离子、氯离子选择电极或银-硫化银电极为测量电极，甘汞电极为参比电极，用硝酸银标准溶液滴定，用电位突跃确定其反应终点。

三、仪器试剂

1. 仪器

① 一般实验室仪器。

② 电位滴定仪，带银离子选择性电极和 217 型带盐桥饱和甘汞电极。

2. 试剂

在未注明其他要求时，所用试剂和水为分析纯试剂和 GB/T 6682—2008 中规定的三级水。

① 丙酮。

② 95% 乙醇。

③ 30% 过氧化氢。

④ 硝酸溶液（6mol/L）：将硝酸缓缓加入 1.5 体积的水中，混匀。

⑤ 硝酸钾饱和溶液：称取 50g 硝酸钾置于 100mL 水中，溶液中应有晶体存在。

⑥ 碳酸钠溶液（5%）：称取 5g 碳酸钠，溶于水，稀释至 100mL。

⑦ 氯化钾标准储备溶液（0.1mol/L）：准确称取 3.728g 预先在 130℃ 下干燥至质量恒定的氯化钾（基准试剂），称准至 0.0002g，置于烧杯中，加水溶解后移入 500mL 容量瓶中，用水稀释至刻线，摇匀，备用。

⑧ 氯化钾标准使用溶液（0.005mol/L）：吸取 5mL 氯化钾标准储备溶液，置于 100mL 容量瓶中，用水稀释至刻度，摇匀。

⑨ 硝酸银标准储备溶液（0.1mol/L）：称取 1.7g 硝酸银，溶于水，稀释至 100mL。储存于棕色瓶中。

⑩ 硝酸银标准使用溶液（0.005mol/L）：吸取 5mL 硝酸银标准滴定溶液，置于 100mL 容量瓶中，用水稀释至刻度，摇匀。按分析步骤进行标定。

⑪ 溴（甲）酚蓝指示液（0.4g/L）：称取 0.04g 溴酚蓝，溶于乙醇（95%），用乙醇（95%）稀释至 100mL。

四、分析步骤

1. 试料的制备

称取 5~10g 试样(精确到 0.1g)置于 150mL 烧杯中,加入 30mL 水溶解,再加入 2 滴过氧化氢溶液、0.5mL 碳酸钠溶液,用小火加热煮沸,逐尽二氧化碳和氨,并在水浴上蒸发至干,冷却后加水至总体积为 10mL,加入 1 滴溴酚蓝指示液,滴定硝酸溶液,使溶液刚好呈黄色。

2. 空白试验

除不加试料外,操作步骤和试剂均与测定时相同。

3. 滴定

① 向试料中加入 30mL 乙醇,放入电磁搅拌子,将烧杯置于电磁搅拌器上,开动电磁搅拌器,将参比电极和测量电极插入溶液中,调整电位计零点,记录起始电位值。

② 用硝酸银标准使用溶液进行滴定,每次加入 0.1mL,记录每次加入硝酸银标准溶液后的总体积及相应的电位值 E。

③ 计算出电位增量值 ΔE_1 之间的差值 ΔE_2,ΔE_1 的最大值即为滴定终点。终点后再加入 0.1mL 硝酸银标准溶液,记录一个电位值 E。

④ 若试液中氯离子溶液浓度太低,滴定消耗硝酸银标准溶液的体积小于 1mL 时,可采用标准加入法测定,在计算结果时应扣除加入的氯化钾标准使用溶液所消耗的硝酸银标准滴定溶液的体积。

注:如果使用 95% 乙醇得不到明显突跃,可采用丙酮代替 95% 乙醇。

五、数据记录

试样测定		
试样编号	1	2
消耗硝酸银的体积/mL		
试样中氯化物的含量/%		
试样中氯化物的含量/%		

数据评价				
数据指标		测得数据结果		最终数据结论
质量指标		测得质量结果		最终质量结论

六、结果计算

① 滴定至终点所消耗的硝酸银标准溶液的体积按下式计算:

$$V = V_0 + V_1 \times \frac{b}{B}$$

式中　V_0——电位增量 ΔE_1 达最大值前,加入硝酸银标准溶液的总体积的数值,mL;

　　　V_1——电位增量 ΔE_1 达最大值前,最后一次加入硝酸银标准溶液的总体积的数值,mL;

　　　b——ΔE_2 的最后一次正值的数值,mV;

　　　B——ΔE_2 的最后一次正值和第一次负值绝对值之和。

② 氯化物的含量以氯(Cl)的质量分数 w_1 计,数值以 % 表示,按下式计算:

$$w_1 = \frac{c(V_3 - V_4) \times 35.45}{m \times 1000} \times 100$$

式中　c——硝酸银标准溶液的实际浓度的准确数值，mol/L；

　　　V_3——测定时所消耗硝酸银标准溶液的体积的数值，mL；

　　　V_4——空白溶液所消耗硝酸银标准溶液的体积的数值，mL；

　35.45——氯（Cl）摩尔质量的数值，g/moL；

　　　m——试料质量的数值，g。

七、数据评价

在重复性条件下，平行测定结果的相对偏差不大于 50%。

八、结果表示

取平行测定结果的算术平均值为测定结果，计算结果表示至小数点后四位。

九、质量评价

工业碳酸氢铵中氯化物的含量为：不大于 0.007%。

子情境九　铁矿石（KK）中全铁含量的测定
（电位滴定法-滴定曲线法）

一、采用标准

YB/T 4267—2011 铁矿石产品等级的划分。

GB/T 6730.66—2009 铁矿石全铁含量的测定　自动电位滴定法。

二、方法原理

试样用盐酸加热溶解，大部分铁以氯化亚锡还原，剩余铁用三氯化钛还原，用重铬酸钾氧化过量的还原剂。以重铬酸钾为滴定剂滴定还原的铁，用自动电位滴定仪滴定并判断滴定终点，以消耗重铬酸钾体积来计算试样中全铁的含量。

三、仪器试剂

1. 仪器

　① 一般实验室仪器。

　② 电位滴定仪，带铂电极和饱和甘汞电极。

2. 试剂

在未注明其他要求时，所用试剂和水为分析纯试剂和 GB/T 6682—2008 中规定的三级水。

　① 焦磷酸钾。

　② 盐酸（1+1）：将盐酸缓缓加入同体积的水中，混匀。

　③ 盐酸（1+9）：将盐酸缓缓加入 9 体积的水中，混匀。

　④ 硫酸。

　⑤ 磷酸。

　⑥ 氢氟酸。

　⑦ 过氧化氢（30%）。

　⑧ 过氧化氢溶液（1+9）：将 30%过氧化氢缓缓加入 9 体积的水中，混匀。

　⑨ 氯化亚锡溶液（100g/L）：将 100g 氯化亚锡结晶体溶于 200mL 的盐酸中，通过

水浴加热溶液。冷却溶液,并用水稀释至 1L。该溶液应储存在装有少量锡粒的棕色玻璃瓶中。

⑩ 钨酸钠溶液 (25%):将 25g 钨酸钠溶于适量水中,加 5mL 磷酸,稀释至 100mL,混匀。

⑪ 三氯化钛溶液 (15g/L):用 3 体积的盐酸溶液 (1+1) 稀释 1 体积的三氯化钛溶液 (约 15% 的 $TiCl_3$)。

⑫ 硫磷混酸:边搅拌边将 300mL 磷酸注入约 500mL 水中,再加 200mL 硫酸。流水冷却。

⑬ 稀重铬酸钾溶液 (0.5g/L):称取 0.5g 重铬酸钾,用水溶解,稀释至 1000mL。

⑭ 重铬酸钾标准溶液 (0.01667mol/L):在玛瑙研钵中研磨约 6g 重铬酸钾 (基准级),在 140~150℃ 干燥 2h,在干燥器中冷却至室温。称取 4.904g 粉末溶于水中。冷却至 20℃ 后移至 1000mL 容量瓶中,用水稀释至刻度,混匀。

⑮ 铁标准溶液 (0.1mol/L):称取 5.58g 纯铁至 500mL 的锥形烧杯中,在颈口放一个小滤斗。慢慢加入 75mL 盐酸,加热至溶解。冷却,逐次少量加入 5mL 过氧化氢溶液 (1+9)。加热至沸腾,分解过剩的过氧化氢和除去氯气。移至 1000mL 的容量瓶中,稀释至刻度。1.00mL 的该溶液相当于 1.00mL 的重铬酸钾标准溶液。

⑯ 水:符合 GB/T 6682 的规定,一级。

四、分析步骤

1. 试料的制备

① 实验室样品:按照 GB/T 10322.1 进行取样。一般试样粒度应小于 $100\mu m$,如试样中化合水或易氧化物含量高时,其粒度应小于 $160\mu m$。

② 预干燥试样的制备:将实验室样品充分混匀,采用试样缩分法取样。按照 GB/T 6730.1 中的规定,将试样在 (105±2)℃ 下进行干燥。

③ 试料量:称取 0.2g 预干燥试样,精确至 0.0001g。

④ 试样的分解:将试样置于 250mL 烧杯中,加 20mL 盐酸,盖上表面皿,试样初步分解后,加氯化亚锡溶液至试样溶液无色澄清,并过量少许,加热 (不沸腾) 至试样分解完全,并使溶液保持淡黄色 (三氯化铁)。取下冷却,加水稀释至总体积约为 150mL。

⑤ 还原:加 6~8 滴钨酸钠溶液作指示剂,然后滴加三氯化钛溶液,并不断转动溶液,直到溶液变蓝色。过量 3~5 滴,滴加稀重铬酸钾溶液,氧化过量的三氯化钛,直到蓝色恰好褪去。

2. 空白试验

使用相同数量的所有试剂和按照与试样相同的操作步骤测定空白试验值。在用氯化亚锡溶液还原前,立刻用单刻度移液管加 10.00mL 铁标准溶液,并按 3. 滴定溶液。将该滴定体积记作 (V_0)。滴定的空白试验值 $V_2 = V_0 - 10.00$。

注:先测定空白试液,再测定所有校准溶液和试液。

3. 滴定

① 将 1 中步骤⑤所得溶液放在已调整稳定并且设定好方法的自动电位滴定仪上,按照自动电位滴定仪操作规程安装仪器。

② 加入硫磷混酸 9mL,使用重铬酸钾标准溶液电位滴定,根据滴定过程中的电位突跃判断反应结束。

五、数据记录

试样测定		
试样编号	1	2
消耗重铬酸钾体积/mL		
空白消耗标液体积/mL		
试样中全铁的含量/%		
试样中全铁的含量/%		

数据评价			
数据指标		测得数据结果	最终数据结论
质量指标		测得质量结果	最终质量结论

六、结果计算

试样中全铁含量（质量分数）w_{Fe}，其数值以百分数表示，按下式计算：

$$w_{Fe} = \frac{V_1 - V_2}{m} \times 0.005847 \times K \times 100$$

式中　V_1——试样消耗的重铬酸钾标准溶液的体积，mL；

　　　V_2——空白试验消耗的重铬酸钾标准溶液的体积，mL；

　　　m——试样的质量，g；

0.005847——铁的原子量质量倍数；

　　　K——对预干燥试样是 1.00。

七、数据评价

在重复性条件下，平行测定结果的差值不大于 0.10%。

八、结果表示

取平行测定结果的算术平均值为测定结果，计算结果保留小数点后 2 位。

九、质量评价

铁矿石（KK）中全铁含量为：$w_{Fe} \geqslant 64.0$（一级），$62.0 \leqslant w_{Fe} < 64.0$（二级），$60.0 \leqslant w_{Fe} < 62.0$（三级），$58.0 \leqslant w_{Fe} < 60.0$（四级），$50.0 \leqslant w_{Fe} < 58.0$（五级）。

知识窗三　电位分析法

一、概述

电位分析法（potentiometric）是通过测量电极电位或根据电极电位的变化来确定物质含量的方法。

电位分析法包括直接电位法和电位滴定法。直接电位法是通过测量上述化学电池的电动势，从而得知指示电极的电极电位，再通过指示电极的电极电位与溶液中被测离子活（浓）度的关系，求得被测组分含量的方法。电位滴定法是通过测量滴定过程中电池电动势的变化来确定滴定终点的电滴定分析法。与化学分析法中的滴定分析不同的是电位滴定的滴定终点是由测量电位突跃来确定，而不是由观察指示剂颜色变化来确定。

二、基本原理

1. 电化学电池

将铜棒和锌棒插入 $CuSO_4$ 和 $ZnSO_4$ 的混合溶液中，便构成了一个电化学电池（electro-chemical cell），也简称电池，如图 3-1 所示。若用导线将铜棒和锌棒连接起来或者联至一外加电源上，则有以下过程发生。

① 在导线中电子定向移动产生电流。

② 在溶液中有离子的定向移动，也有电流流动。

③ 在铜棒和锌棒表面，即电极表面发生氧化还原反应。

正极： $Cu^{2+}+2e^-\!\!=\!\!Cu$

负极： $Zn-2e^-\!\!=\!\!Zn^{2+}$

即在铜棒和锌棒表面上分别由氧化还原反应完成从电子导电到离子导电的转换。上述反应称为半反应，除电导方法外，几乎所有其他的电分析化学方法都是研究在此界面上以及界面附近发生的反应及其规律性。

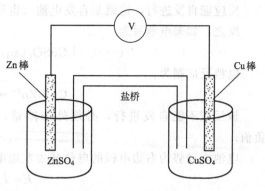

图 3-1 电化学池

2. 电化学池表达式与电极电位

(1) 电位符号

IUPAC 推荐电极的电位符号的表示方法如下。

① 规定半反应写成还原过程：

$$Ox+ne^-\!\!=\!\!Red$$

② 规定电极的电极电位符号相当于该电极与标准氢电极组成电池时，该电极所带的静电荷的符号。如 Cu 与 Cu^{2+} 组成电极并和标准氢电极组成电池时，金属 Cu 带正电荷，则其电极电位为正值；Zn 与 Zn^{2+} 组成电极并和标准氢电极组成电池时，金属 Zn 带负电荷，则其电极电位为负值。

(2) 电池的表达式及其他规定

上述铜锌电池的图解表示式为：

$$(-)Zn\,|\,ZnSO_4(aq)\,\|\,CuSO_4(aq)\,|\,Cu(+)$$

电池图解表达式的规定如下。

① 规定左边的电极上进行氧化反应，右边的电极上进行还原反应。

② 电极的两相界面和不相混的两种溶液之间的界面，都用单竖线"｜"表示。当两种溶液通过盐桥连接，已消除液接电位时，则用双虚线"┊┊"表示。当同一相中同时存在多种组分时，用"，"隔开。

③ 电解质位于两电极之间。

④ 气体或均相的电极反应，反应物质本身不能直接作为电极，要用惰性材料（如铂、金或碳等）作电极，以传导电流。

⑤ 电池中的溶液应注明浓（活）度。如有气体，则应注明压力、温度（若不注明，系指 25℃ 及 100kPa 标准压力）。

根据电极反应的性质来区分阳极和阴极，凡是起氧化反应的电极为阳极，起还原反应的电极为阴极。另外，根据电极电位的正负程度来区分正极和负极，即比较两个电极的实际电位，凡是电位较正的电极为正极，电位较负的电极为负极。

电池电动势的符号取决于电流的流向。如上述铜锌电池短路时，在电池内部的电流流向是从左到右（亦即电流从右边阴极通过外电路流向左边阳极），电池反应为：

$$Zn+Cu^{2+}\!\!=\!\!Zn^{2+}+Cu$$

反应能自发进行，这就是自发电池（也称为原电池，galvanic cell），电动势为正值。

反之，如果电池写为：

$$(-)Cu \mid CuSO_4(aq) \mid\mid ZnSO_4(aq) \mid Zn(+)$$

电池反应则为：

$$Cu + Zn^{2+} \rlap{\,=\,=\,=} Cu^{2+} + Zn$$

该反应不能自发进行，必须外加能量，这就是电解池（electrolytic cell），电动势为负值。

电池电动势为右边电极的电位减去左边电极的电位，即

$$E = E_右 - E_左 \tag{3-1}$$

（3）电极电位的测定

电池都是由至少两个电极组成的，根据它们的电极电位，可以计算出电池的电动势。但是目前还无法测量单个电极的绝对电位值，而只能测量整个电池的电动势。于是就统一以标准氢电极（SNE）作为标准，并人为地规定它的电极电位为零，然后把它与待测电极组成电池，测得的电池电动势规定为该电极的电极电位（electrode potential）。因此目前通用的标准电极电位值都是相对值，即相对标准氢电极的电位而言的，并不是绝对值。

测量时规定将标准氢电极作为负极与待测电极组成电池：

$$标准氢电池 \mid\mid 待测电极$$

这样测得此电池的电动势就是待测电极的电位。应该注意的是，当测量时的电流较大或溶液电阻较高时，一般测量所得到的值中常包含有溶液的电阻所引起的电压降 iR，所以应当进行校正。

各种电极的标准电极电位，都可以用上述方法测定。但还有许多电极的标准电极电位不便用此法测定，此时可以根据化学热力学的原理，从有关反应自由能的变化中进行计算求得。

（4）电位分析法的理论依据

能斯特（Nernst）方程表示电极电位与反应物质活度之间的关系，它是电位分析法的理论依据：

$$E = E^{\ominus} + \frac{RT}{nF}\ln\frac{\alpha_O}{\alpha_R} \tag{3-2}$$

式中，$E^{\ominus}$ 为标准电极电位，V；R 为气体常数，8.3145J/（mol·K）；T 为热力学温度，K；n 为电极反应中转移的电子数；F 为法拉第常数，96486.7C/mol；α 为金属离子的活度，mol/L（其中金属、沉淀、水的活度为1）。

在室温 25℃时，式(3-2) 可简化成：

$$E = E^{\ominus} + \frac{0.0592}{n}\lg\frac{\alpha_O}{\alpha_R} \tag{3-3}$$

3. 电极的分类

（1）指示电极和工作电极

在电化学池中借以反映离子或分子浓度、发生所需电化学反应或响应激励信号的电极。一般对于平衡体系，或在测量期间本体浓度不发生可觉察变化的体系，相应的电极称为指示电极；如果有较大的电流通过，本体浓度发生显著改变，则相应的电极称为工作电极。但通常并不严格区分。

（2）参比电极

在测量过程中，其电位基本不发生变化。这样测量时电池的电动势的变化就仅仅是指示电极或工作电极的电极电位的变化，从而简化了处理。

（3）辅助电极或对电极

提供电子传导的场所，与工作电极组成电池，形成通路，但电极上进行的电化学反应并非实验中所需研究或测试的。当通过的电流很小时，一般直接由工作电极和参比电极组成电池（即二电极系统）。但是，当通过的电流较大时，参比电极将不能负荷，其电位不再稳定不变，或体系（如溶液）的 iR 降太大，难以克服。此时需再采用辅助电极来构成所谓三电极体系以测量或控制工作电极的电位。在不用参比电极的两电极系统中，与工作电极配对的电极则称为对电极。但有时辅助电极也叫对电极，两者常不严格区分。

4. 金属基指示电极

（1）第一类电极

第一类电极是指金属与该金属离子溶液组成的电极体系，其电极电位决定于金属离子的活度。这类金属有银、铜、锌、汞和铅等。

（2）第二类电极

第二类电极是指金属及其难溶盐或配离子所组成的电极体系，它能间接反映与该金属离子生成难溶盐的阴离子或生成配离子的配位剂的活度。例如氯离子能与银离子生成氯化银难溶盐，在以氯化银饱和过的、含有氯离子的溶液中，用银电极可以指示氯离子的活度。

这类电极中常用的有银-氯化银电极和甘汞电极，一般用来制作参比电极。它们克服了标准氢电极使用氢气的不便，同时也比较容易制备。

（3）第三类电极

第三类电极是指金属与两种具有共同阴离子或配位剂的难溶盐或难离解的配离子组成的电极体系。例如草酸根离子能与银离子和钙离子生成草酸银和草酸钙难溶盐，在以草酸银和草酸钙饱和过的、含有钙离子的溶液中，用银电极可以指示钙离子的活度。

在配位滴定中的 PM 电极则属于这一类。一种常用的 PM 电极是用 $Hg|Hg\text{-}EDTA$ 电极来指示滴定过程中金属离子 M^{2+} 的活度。

（4）零类电极

零类电极采用惰性导电材料（如铂、金、碳等）作为电极，它能指示同时存在于溶液中的氧化态和还原态的活度比值，也能用于一些有气体参与的电极反应。这类电极本身不参与电极反应，仅作为氧化态和还原态物质传递电子的场所，同时起传导电流的作用。

5. 膜电位

各种类型的离子选择电极的响应机理虽各有特点，但其电位产生的基本原因都是相似的，即关键都在于膜电位，如图 3-2 所示。在敏感膜与溶液两相间的界面上，由于离子扩散，产生相间电位；在膜相内部，膜内外的表面和膜本体的两个界面上尚有扩散电位产生，其大小应该相同。

由于内参比溶液中 M^{n+} 的活度不变，为常数，所以：

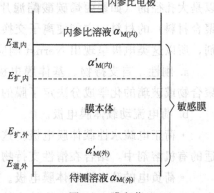

图 3-2 膜电位

$$E = K + \frac{RT}{nF} \ln \alpha_{M(外)} \tag{3-4}$$

6. 离子选择性电极的作用原理

离子选择电极的电位为内参比电极的电位与膜电位之和，如图 3-2 所示，即

$$E = K \pm \frac{RT}{nF} \ln \alpha_{M(外)} \tag{3-5}$$

式中，K 为常数项，包括内参比电极的电位与膜内的相间电位。阳离子用正号，阴离子用负号。

使用时，将离子选择电极与外参比电极（通常用饱和甘汞电极）组成电池（复合电极则无需另外的电极），在接近零电流条件下测量电池电动势。由于在外参比电极与试液接触的膜（或盐桥）的内外两个界面上也有液接电位存在，所以在测得的电位值中还包括这一液接电位值在内。因此，在测量过程中，应设法减小或保持液接电位为稳定值，使之可并入常数项中，从而不影响测量结果。

从上述推导过程可以看出，离子选择性电极的电位并非是由于有电子交换的氧化还原反应造成的，而是由于膜电位产生的。

7. 离子选择性电极的分类

离子选择性电极能以电极电位形式指示溶液中特定离子的活度，又有结构简单牢固、元件灵巧、灵敏度好、选择性高、响应速度快以及便于携带等特点。近年发展迅速，为统一命名，国际纯粹与应用化学联合会（简称 IUPAC）分析化学分会命名委员会，于 1994 年提出修改 1975 年推荐的有关离子选择电极名词意义及分类的建议。现按 1994 年推荐命名中有关部分摘编如下。

（1）基本离子选择性电极

① 晶体膜电极。晶体膜电极可以是均相的，也可以是多相的。它们都具有一个流动信号离子和一个相反信号的固定位置。

a. 均相膜电极。由单一化合物或多种化合物（如 Ag_2S、AgI/Ag_2S）混合的晶体材料制成。

b. 复相膜电极。由一种活性物质或多种活性物质的混合物与惰性材料（如硅橡胶或 PVC）混合制成；或将它们放在疏水石墨或导电环氧树脂上而形成复相敏感膜。

② 非晶体膜电极。在这类电极中，含有离子交换剂、增塑性溶剂和不带电荷能增加选择性的物质与支持材料制成的离子选择电极膜。这个膜放在两个溶液之间，所用的支持物可以是大孔径的（如聚丙烯碳酸酯滤片、玻璃材料等）或是微孔（如干玻璃、PVC 类的惰性聚合材料）的材料，它能使离子交换剂和溶剂凝固成均相的混合物。因为在膜内有离子交换剂，所以这类电极呈现出 Nernst 响应。它分以下两类。

a. 刚性、自支持物、基体膜电极。这类电极的敏感膜是一薄片聚合物或一薄片玻璃。聚合物或玻璃的化学成分决定了膜的选择性。

b. 荷电流动载体膜电极。

·荷正电疏水性载体膜电极。这类电极的膜是由荷正电疏水阳离子的化合物，溶解在合适的有机溶剂中，结合在惰性支持物上，所生成的膜，该膜对阴离子的活度的变化很灵敏。

·荷负电的疏水性载体膜电极。这类电极的膜是由荷负电的疏水阴离子的化合物溶解在合适的有机溶剂中和结合在惰性支持物上而形成膜，该膜对阳离子的活度改变响应灵敏。

·中性（无电荷）载体膜电极。这类电极的膜是基于阳离子和阴离子的分子配位剂溶液，在这种离子交换膜中，溶液对某些阴离子和阳离子有选择性且响应灵敏。

·疏水性离子对电极。可塑性高聚物的疏水性离子对电极含有一个溶解的疏水离子对，对电解质池中的离子活度有 Nernst 响应。

（2）化合物或多层膜离子选择性电极

① 气敏电极。气敏电极的传感器是由一个指示电极、一个参比电极和一个用气体渗透膜或空隙与样品溶液分开的溶液薄膜所组成。中间溶液与进入的气体粒子（通过膜或空隙进入的）相互作用，使被测量的中间溶液的成分（如 H^+ 的活度）发生改变。其改变能用离子选择电极测量，并与样品的气体粒子分压成比例。

② 酶底物电极。酶底物电极的敏感膜是在一个离子选择电极上覆盖一层酶，因为酶与有机物或无机物（称底物）作用产生一种有电极响应的物质。相反，在敏感膜上覆盖一层与酶起作用的底物也可组成酶底电极。这类酶电极可用于分析测试酶抑制剂的量等。

（3）金属联结和全固态离子选择性电极

这类电极没有内部电解质溶液，它们的响应取决于离子和电子的导电性（混合导电体）。内参比电极被电子导体取代，如溴化物敏感膜 AgBr，可用 Ag 联结。在阴离子敏感膜上放上阳离子基团盐，用 Pt 联结。这种联结方法与通常惯用的电解质（内部填满溶液和外部试验溶液）联结膜的方法不同。

8. 常用离子选择性电极

由于敏感膜的性质、材料的不同，离子选择电极有各种类型，其响应机理也各有其特点。敏感膜一般要求满足以下条件：

① 微溶性；

② 导电性；

③ 可与待测离子或分子选择性响应（如离子交换、参与成晶、生成配位化合物等），这是电极选择性的来源。

（1）玻璃电极

除了用于测定溶液 pH 的玻璃电极外，尚有能对锂、钠、钾和银等一价阳离子具有选择性响应的玻璃电极。这类电极的构型及制造方法均相似，其选择性来源于玻璃敏感膜的不同组成。

① 玻璃电极的构造。玻璃球内盛有 0.1mol/LHCl 溶液或含有氯化钠的缓冲溶液作为内参比溶液，以银-氯化银丝为内参比电极。玻璃电极的构造如图 3-3 所示。

② 玻璃膜的响应机理。常用于制造 pH 玻璃电极的玻璃的组成为：Na_2O 21.4%，CaO 6.4%，SiO_2 72.2%（摩尔分数）。这种玻璃的结构是由固定的带负电荷的硅与氧组成骨架（载体），在骨架的网络中存在体积较小但活动能力较强的阳离子，主要是一价的钠离子，并由它起导电作用。溶液中的氢离子能进入网络并代替钠离子的点位，但阴离子却被带负电荷的硅氧载体所排斥；高价阳离子也不能进出网络。所以玻璃膜对氢离子具有选择性。

玻璃电极的电位与试液 pH 有如下关系式：

$$E = K - 0.0592\text{pH} \tag{3-6}$$

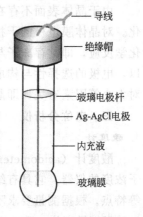

图 3-3　pH 玻璃电极

导线
绝缘帽
玻璃电极杆
Ag-AgCl电极
内充液
玻璃膜

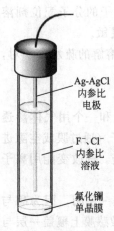

Ag-AgCl
内参比
电极

F⁻、Cl⁻
内参比
溶液

氟化镧
单晶膜

图 3-4　氟离子
选择性电极

这类用考宁 015 玻璃制成的 pH 玻璃电极，只能适用于 pH＝1～10 溶液的测量。当试液的 pH 大于 10 时，测得的 pH 比实际数值要低，这种现象称为"碱差"。它来源于钠离子的扩散作用，即钠离子重新进入玻璃膜的硅氧网络，并与氢离子交换而占有少数点位，故又被称为"钠差"。如用 Li_2O 代替 Na_2O 制作玻璃膜，由于锂玻璃的硅氧网络中的空间较小，钠离子的半径较大，不易进入膜相内与氢离子进行交换，因而避免了钠离子的干扰。实践证明，这种电极可用于测量 pH＝1～13.5 的溶液。

（2）氟离子选择性电极

氟电极的敏感膜为 LaF_3 的单晶薄片。为了提高膜的电导率，尚在其中掺杂了 Eu^{2+} 和 Ca^{2+}。二价离子的引入，导致氟化镧晶格缺陷增多，增强了膜的导电性，所以这种敏感膜的电阻一般小于 $2M\Omega$。氟电极的电极构造如图 3-4 所示。

氟电极的选择性很高，唯一的干扰是氢氧根离子，这是由于在晶体膜表面存在化学反应，所释放出来的 F^- 将增高试液中 F 的含量。实践证明，电极使用时最适宜的 pH 范围为 5～5.5，如果 pH 过低，则会形成 HF 或 HF_2^- 而影响氟离子的活度；pH 过高，则会产生 OH^- 的干扰。在实际工作中，通常用柠檬酸盐的缓冲溶液来控制试液的 pH 值。而且，柠檬酸盐尚能与铁、铝等离子形成配位化合物，因此可以消除它们因与氟离子发生配位反应而产生的干扰，并同时控制溶液的离子强度。

（3）硫、卤素离子电极

硫离子敏感膜是用 Ag_2S 粉末在 $10^8 MPa$ 以上的高压下压制而成。它同时也是银离子电极。硫化银是低电阻的离子导体，其中可移动的导电离子是银离子。由于硫化银的溶度积很小，所以电极具有很高的选择性和灵敏度。硫化银膜电极对银离子和硫离子均有响应。氯化银、溴化银及碘化银能分别作为氯电极、溴电极及碘电极的敏感膜。氯化银和溴化银在室温下均具有较高的电阻，并有较强的光敏性。把氯化银或溴化银晶体和硫化银研匀后一起压制，使氯化银或溴化银分散在硫化银的骨架中，再制成敏感膜能克服上述缺陷。同样，铜、铅或锡等重金属离子的硫化物与硫化银混匀压片，能分别制得对这些二价阳离子有响应的敏感膜，它们的响应也是通过溶度积平衡由银离子来实现。

由于晶体表面不存在类似于玻璃电极的离子交换平衡，所以电极在使用前不需要浸泡活化。对晶体膜电极的干扰，主要不是由于共存离子进入膜相参与响应，而是来自晶体表面的化学反应，即共存离子与晶格离子形成难溶盐或配位化合物，从而改变了膜表面的性质。所以，电极的选择性与构成膜的物质的溶度积及共存离子和晶格离子形成难溶物的溶度积的相对大小等因素有关，即晶体膜电极的检测限取决于膜物质的溶解度。

三、电位分析仪

1. 酸度计

酸度计（acidometer）亦称 pH 计，是通过测量原电池的电动势，确定被测溶液中氢离子浓度的仪器。它具有结构简单、测量范围宽、速度快、适应性广、易于实现流线自动分析等特点。根据测量要求不同，酸度计分为普通型、精密型和工业型三类，读数值精度最低为 0.1pH，最高为 0.001pH。

常用的酸度计大多兼有毫伏值测量功能，可使用离子选择性电极进行测量。在酸度计的基础上研制出各种离子计，主要是增加了分别用于阴离子和阳离子，一价和两价的转换开关，有的除了有毫伏值刻度外，又增加了浓度刻度，从而使测量和读数大为便利。

（1）酸度计的结构

酸度计实际上是一个高阻抗毫伏计，它主要是由电极和电计两部分组成。电极是由指示电极和参比电极所组成的。电计是高输入阻抗直流电压放大器，是各种类型的电位测量仪器的核心部件，决定仪器性能的好坏主要是它的输入阻抗、输入电流和零点漂移这三个重要技术指标。酸度计的结构如图3-5所示。

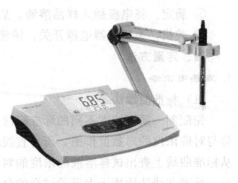

图 3-5　酸度计

（2）酸度计的通用使用方法

① 准备工作。检查仪器各个部件是否正常，安装电极。

② 开机预热。打开电源开关，预热 20min。

③ 温度补偿。测量被测溶液温度，进行温度补偿。

④ 定位和斜率校正。将电极插入缓冲溶液进行定位，再更换另一个缓冲溶液进行斜率校正。

⑤ pH 测量。将电极插入样品溶液，读取 pH 值。

⑥ 关机。关闭仪器电源开关，清洗电极。

2. 电位滴定仪

自动电位滴定仪（automatic potentiometric titrator）是以测量电极电位的变化确定滴定终点，从而求出被测溶液中离子浓度的仪器。一般的自动电位滴定仪都是在酸度计的基础上增加一些装置而构成的。

随着具有高选择性和高灵敏度的离子选择性电极的出现，自动电位滴定仪以结构简单、造价低廉、灵敏度高、稳定性好、特别易于实现流程自动化监测等优点，广泛应用于工厂化验室和研究单位。

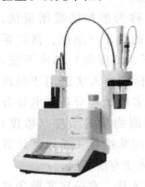

（1）电位滴定仪的结构

自动电位滴定仪（图 3-6）中的主要部件有：自动滴定装置、电极、电计。自动滴定装置是由自动滴定管和自动阀所组成。

自动滴定管有两种：普通滴定管与自动阀组成的自动滴定管、电机驱动注射器组成的自动滴定管。电机驱动注射器组成的自动滴定管采用注射器作为滴定管，用小型恒速同步电机或小型步进电机作为动力，推动注射器的活塞往复移动，实现自动滴定的目的。

在自动电位滴定仪中，控制溶液通过或截断是依靠自动阀来实现的。在自动滴定仪中所使用的自动阀要具备下列几个条件：首先自动阀的材料和结构在腐蚀的介质条件下能长时间工作，其次是关闭的可靠性要好，并快速地完成动作。常见的自动阀有两种：电磁阀和换向阀。

图 3-6　电位滴定仪

（2）电位滴定仪的通用使用方法

① 准备工作。检查仪器各个部件是否正常，安装电极。

② 开机预热。打开电源开关，预热 20min。

③ 温度补偿。测量被测溶液温度，进行温度补偿。

④ 设置参数。用缓冲溶液进行定位，设置滴定终点电位。

⑤ 滴定。将电极插入样品溶液，启动电位滴定，到达滴定终点，读取消耗的体积数。

⑥ 关机。关闭仪器电源开关，清洗电极。

四、定量方法

1. 直接电位法

（1）标准曲线法

先配制一系列浓度不同的标准溶液，在与试样相同条件下，分别测量其电动势。将电动势与对应浓度的对数值作图，所得直线称标准曲线或工作曲线；然后测定试样的电动势，再从标准曲线上查出试样溶液的浓度的对数值，转换成试样溶液的浓度。

标准曲线法适用于大批量试样的分析。测量时需要在标准系列溶液和试液中加入总离子强度调节缓冲液（TISAB）或离子强度调节液（ISA）。它们有三个方面的作用：首先，保持试液与标准溶液有相同的总离子强度及活度系数；其次，缓冲剂可以控制溶液的 pH；最后，含有配位剂，可以掩蔽干扰离子。

【例 3-1】 饮用水中氟化物含量的测定：分别吸取 0mL、0.20mL、0.40mL、0.60mL、1.00mL、2.00mL 和 3.00mL 氟化物标准使用溶液（10μg/mL）于 50mL 烧杯中。此标准系列浓度分别为 0mg/L、0.20mg/L、0.40mg/L、0.60mg/L、1.00mg/L、2.00mg/L 和 3.00mg/L（以 F^- 计）。各加纯水稀释至 10mL，加入 10mL 离子强度缓冲液。取饮用水 10mL，加入 10mL 离子强度缓冲液。在搅拌下读取标准系列和饮用水水样的平衡电位值。标准系列的平衡电位为：320mV、282mV、268mV、260mV、249mV，水样的平衡电位为：263mV、265mV、267mV。求饮用水中氟化物的含量。

解：绘制 E-c 工作曲线如图 3-7 所示，在标准工作曲线上查得试样溶液平衡电位对应的浓度。

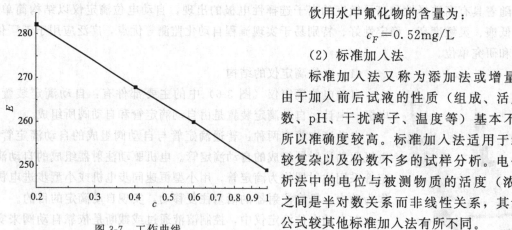

图 3-7 工作曲线

饮用水中氟化物的含量为：

$$c_F = 0.52 \text{mg/L}$$

（2）标准加入法

标准加入法又称为添加法或增量法，由于加入前后试液的性质（组成、活度系数、pH、干扰离子、温度等）基本不变，所以准确度较高。标准加入法适用于组成较复杂以及份数不多的试样分析。电位分析法中的电位与被测物质的活度（浓度）之间是半对数关系而非线性关系，其计算公式较其他标准加入法有所不同。

① 一次标准加入法。在一定实验条件下，先测定体积为 V_x、浓度为 c_x 的试液电池的电动势 E_x，然后在其中加入浓度为 c_s、体积为 V_s 的含待测离子的标准溶液，在同一实验条件下再测其电池的电动势 E_{x+s}，按式（3-7）计算出被测物质含量。

$$c_x = \frac{\Delta c}{10^{\Delta E/S} - 1} \tag{3-7}$$

式中，Δc、ΔE 和 S 按式(3-8)、式(3-9) 和式(3-10) 计算。

$$\Delta c = \frac{c_s V_s}{V_x + V_s} \tag{3-8}$$

$$\Delta E = |E_{x+s} - E_x| \tag{3-9}$$

$$S = \frac{0.0592}{n} \tag{3-10}$$

【例 3-2】　食盐中氟含量的测定：称取 2.00g 研细试样，置于 25mL 小烧杯中，加 10mL 水、10mL 离子强度缓冲液。浸入电极，搅拌 30min，读取静态 E_1 为 298mV。再加入 0.2mL 氟标准使用液（50μg/mL），搅拌 10min，读取静态 E_2 为 267mV。求食盐中氟含量（mg/kg）。

解：
$$\Delta c = \frac{c_s V_s}{V_x + V_s} = \frac{50 \times 0.2}{20 + 0.2} = 0.495 \mu g/mL$$

$$\Delta E = |E_{x+s} - E_x| = |0.267 - 0.298| = 0.031V, \quad S = \frac{0.0592}{n} = 0.0592$$

$$c_x = \frac{\Delta c}{10^{\Delta E/S} - 1} = \frac{0.495}{10^{0.031/0.0592} - 1} = 0.212 \mu g/mL$$

$$w\% = \frac{c_x V_x}{m} = \frac{0.212 \times 10^{-3} \times 20}{2.00 \times 10^{-3}} = 2.12 mg/kg$$

② 格氏作图法。格氏（Gran）作图法相当于多次标准加入法。假如试液的浓度为 c_x，体积为 V_x，加入浓度为 c_s 含待测离子的标准溶液 V_s mL 后，测得电池电动势为 E。

在体积为 V_x 的试液中，每加一次待测离子标准溶液 V_s mL 就测量一次电池电动势 E。在格氏作图纸上，以 E 为纵坐标，以加标准溶液体积 V_s 为横坐标作图，将得一直线，将直线外推，在横轴相交于 V。按式(3-11)计算被测物质含量。

$$c = -\frac{c_s V}{V_x} \tag{3-11}$$

格氏作图法具有简便、准确及灵敏度高的特点。格氏作图法适于低浓度物质的测定。

（3）直接指示法

根据能斯特方程设计的离子计等，利用标准溶液校正离子选择性电极后，就可以在仪器上直接测得试液中被测离子的 pX 值，则相应的被测离子（X）的活度或浓度就能得到。此法又称离子计法。

电极的电位与试液 pX_x 有如下关系式：

$$E_x = K - 0.0592 pX_x \tag{3-12}$$

电极的电位与标准溶液 pX_s 有如下关系式：

$$E_s = K - 0.0592 pX_s \tag{3-13}$$

将式(3-12) 和式(3-13) 合并化简可得：

$$pX = pX_s - \frac{E_x - E_s}{0.0592} \tag{3-14}$$

如果测定的是溶液的 H^+ 浓度，则 pX 可写成 pH：

$$pH = pH_s - \frac{E_x - E_s}{0.0592} \tag{3-15}$$

常用的缓冲溶液的 pH 值如表 3-2 所示。

表 3-2 不同温度下常用 pH 缓冲溶液的 pH 值

温度/℃	苯二甲酸氢钾缓冲溶液	磷酸盐缓冲溶液	硼酸盐缓冲溶液
0	4.00	6.98	9.46
5	4.00	6.95	9.39
10	4.00	6.92	9.33
15	4.00	6.90	9.28
20	4.00	6.88	9.23
25	4.01	6.86	9.18
30	4.01	6.85	9.14
35	4.02	6.84	9.11
40	4.04	6.84	9.07

【例 3-3】 工业循环冷却水 pH 值的测定：以玻璃电极为指示电极，以饱和甘汞电极为参比电极，测量工业循环冷却水的电动势 0.300V，苯二甲酸氢钾溶液（pH＝4.01）的电动势为 0.201V，求该工业循环冷却水的 pH 值。

解： 工业循环冷却水的 pH 值为 $pH = pH_s - \dfrac{E_x - E_s}{0.0592} = 4.01 - \dfrac{0.300 - 0.201}{0.0592} = 2.34$

2. 电位滴定

（1）电位滴定法的原理

电位滴定与电位法一样，以指示电极、参比电极与试液组成电池，测量其电动势。所不同者是加入滴定剂进行滴定，记录滴定过程中指示电极电位的变化。在化学计量点附近，由于被滴定物质的浓度发生突变，所以指示电极的电位产生突跃，由此即可确定滴定终点。

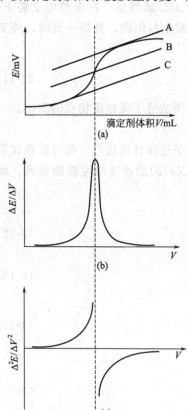

图 3-8 电位滴定曲线

（2）电位滴定法的特点

电位滴定的基本原理与普通滴定分析相同，其区别在于确定终点的方法不同，因而具有以下特点。

① 准确度较电位法高。与普通滴定分析一样，测定的相对误差可低至 0.2%。

② 能用于难以用指示剂判断终点的浑浊或有色溶液的滴定。

③ 能用于非水溶液的滴定。

④ 能用于连续滴定和自动滴定，并适用于微量分析。

⑤ 总之，电位滴定方法使得用指示剂来指示终点的滴定分析的应用范围大大拓宽了，准确度也得到了较大的改善。

（3）滴定终点的确定

以电池电动势 E（或指示电极的电位 E）对滴定剂体积 V 作图，得滴定曲线，如图 3-8（a）所示。对反应物系数相等的反应来说，曲线突跃的中点（转折点）即为化学计量点；对反应物系数不相等的反应来说，曲线突跃的中点与化学计量点稍有偏离，但偏差很小，可以忽略，仍可用突跃中点作为滴定终点。

如果滴定曲线的突跃不明显，则可绘制一级微商滴定曲线，如图 3-8（b）所示，曲线上将出现极大值，极大值指示的就是滴定终点。也可以绘制二级微商滴定曲线，如图 3-8（c）所示，二阶微商值等于零的点即滴定终点。也可通过式(3-16)计算求得。

$$\frac{\left(\frac{\Delta^2 E}{\Delta V^2}\right)_2 - \left(\frac{\Delta^2 E}{\Delta V^2}\right)_1}{V_2 - V_1} = \frac{0 - \left(\frac{\Delta^2 E}{\Delta V^2}\right)_1}{V - V_1} \tag{3-16}$$

五、特点和应用

随着生产与科研的发展，对分析方法的灵敏度、速度、选择性、自动控制等各个方面都提出了越来越高的要求。与其他仪器分析方法一样，电分析化学也逐步得到发展，应用日益广泛。一般说来，电分析化学具有下述的特点。

① 分析速度快。一般都具有快速的特点，试样的预处理手续一般也比较简单。

② 选择性好。一般都比较好，这也是使分析快速和易于自动化的一个有利条件。

③ 仪器简单、经济，易于微型化。

④ 灵敏度高。适用于痕量甚至超痕量组分的分析。

⑤ 一般测量所得到的值是物质的活度而非浓度，从而在生理、医学领域有较为广泛的应用。

⑥ 所需试样的量较少，适用于进行微量操作。

⑦ 易于自动控制。根据所测量的电学量来进行分析，因此易于采用电子线路系统进行自控，适用于工业生产流程的监测和自动控制以及环境保护监测等方面。

⑧ 还可用于各种化学平衡常数的测定以及化学反应机理和历程的研究。

习　题

1. 离子选择电极分哪几类？各举一例说明并写出其离子选择电极的能斯特方程。

2. 试说明 pH 玻璃电极的电位由哪几部分组成。

3. 写出溶液中存在主响应离子 A^{z+} 和干扰离子 B^{z+} 时，A^{z+} 选择电极的能斯特方程，并说明各符号的意义。

4. 比较用标准曲线法、标准加入法和格氏作图法测定未知物浓度时的适用条件及其优缺点。

5. 如何用二级微商法求滴定终点时的滴定剂体积、pH 或电位值？

6. 一台优良的离子计应具有什么样的性能？

7. pH 玻璃电极与饱和甘汞电极组成如下测量电池：

$$\text{pH 玻璃电极} \mid H^+ \text{(缓冲溶液或未知溶液)} \parallel \text{SCE}$$

298K 时若测得 pH＝5.00 缓冲溶液的电动势为 0.218V。若用未知 pH 溶液代替缓冲溶液，测得三个未知 pH 溶液的电动势分别为：(1) 0.060V；(2) 0.328V；(3) −0.019V。试计算每个未知溶液的 pH 值。

8. 用钠离子选择电极测得 1.25×10^{-3} mol/L Na^+ 溶液的电位值为 −0.203V。若 $K_{Na^+, K^+} = 0.24$，计算钠离子选择电极在 1.50×10^{-3} mol/L Na^+ 和 1.20×10^{-3} mol/L K^+ 溶液中的电位值。

9. 用氟离子选择电极测定牙膏中 F^- 含量。称取 0.200g 牙膏并加入 50mL TISAB 试剂，搅拌微沸冷却后移入 100mL 容量瓶中，用蒸馏水稀释至刻度。移取其中 25.0mL 于烧杯中测得其电位值为 0.155V，加入 0.10mL 0.50mg/mL F^- 标准溶液，测得电位值为 0.134V。

该离子选择电极的斜率 59.0mV/pF⁻。试计算牙膏中氟的质量分数。

10. 用氟离子选择电极测定自来水中 F⁻ 含量。取水样 25.00mL 并用 TISAB 稀释至 50.00mL，测得电位值为 328.0mV。若加入 5.000×10^{-4} mol/L 氟标准溶液 0.50mL，测得电位值为 309.0mV。该氟离子选择电极的实际斜率为 58.0mV/pF⁻。计算自来水中氟离子的含量。

11. 用氟离子选择电极测定水样中 F⁻ 的含量。取水样 25.00mL，用 TISAB 稀释至 50.00mL 并转移至一只干净烧杯中，加入 2.000×10^{-4} mol/L F⁻ 标准溶液 0.50mL，测定其电位。然后再分四次加入 F⁻ 标准溶液各 0.50mL 并测定其电位。

再按上述步骤用蒸馏水代替水样进行空白试验。两者测定结果如下：

次　　数	1	2	3	4	5
水样电位/mV	261.0	253.0	246.5	241.5	237.2
空白电位/mV	271.0	259.0	250.0	244.0	238.8

(1) 用格氏作图法求水样中的氟的含量。

(2) 使用格氏作图时，进行空白试验的目的是什么？

12. 准确移取 50.00mL 含 NH_3 试液，经碱化后用气敏氨电极测得其电位值为 $-80.1mV$。若加入 1.000×10^{-3} mol/L 的 NH_3 标准溶液 0.50mL，测得其电位值为 $-96.1mV$。然后在此试液中加入离子强度调节剂 50.00mL，测得其电位值为 $-78.3mV$。计算试样中 NH_3 浓度为多少 mg/kg？

13. 用电位滴定法测定硫酸含量，称取试样 1.1969g 于小烧杯中，在电位滴定计上用 c(NaOH) $=0.5001$mol/L 的氢氧化钠溶液滴定，记录终点时滴定体积与相应的电位值如下：

滴定体积/mL	电位值/mV	滴定体积/mL	电位值/mV
23.70	183	24.00	316
23.80	194	24.10	340
23.90	233	24.20	351

已知滴定管在终点附近的体积校正值为 -0.03mL，溶液的体积补正值为 -0.5mL/L，请计算试样中硫酸含量的质量分数（硫酸的相对分子质量为 98.08）。

14. 用电位的定法测定碳酸钠中 NaCl 含量，称取 2.1116g 试样，加 HNO_3 中和至溴酚蓝变黄，以 c(AgNO₃) $=0.05003$mol/L 的硝酸银标准溶液的滴定结果如下：

加入 AgNO₃ 溶液/mL	相应的电位值/mV	加入 AgNO₃ 溶液/mL	相应的电位值/mV
3.40	411	3.70	471
3.50	420	3.80	488
3.60	442	3.90	496

根据上表数值，计算样品中 NaCl 含量的质量分数。如果标准要求 $w_{NaCl} \leqslant 0.50\%$，请判断该产品是否合格？应如何报出分析结果？

委托样品检验（库仑分析法）

能力目标

(1)能熟练使用库仑仪；

(2)能对仪器进行调试、维护和保养，能准确判断仪器的常见故障，能排除仪器的简单故障；

(3)能按国家标准和行业标准进行采样，能规范进行样品记录、交接、保管；

(4)能正确熟练使用天平(托盘天平、分析天平或电子天平)称量药品，使用玻璃仪器进行药品配制；

(5)能根据国家标准、行业标准等对石油化工、食品、药品等产品、半成品、原材料进行质量检验；

(6)能正确规范记录实验数据，熟练计算实验结果，正确填写检验报告；

(7)能正确评价质量检验结果、分析实验结果和误差并消除误差；

(8)能熟练使用计算机查找资料、使用 PPT 汇报展示、使用 WORD 整理实验资料和总结结果；

(9)能掌握课程相关的英语单词，阅读仪器英文说明书，对于英语能力高的学生可以进行简单的仪器使用相关的英文对话；

(10)能与组员进行良好的沟通，能流畅表达自己的想法，能解决组员之间的矛盾。

知识目标

(1)掌握库仑仪的结构组成、工作原理；

(2)了解库仑仪的种类及同种分析仪器的性能的差别优劣；

(3)掌握库仑仪进行质量检验的实验分析方法、计算公式；

(4)熟悉企业质量检验岗位的工作内容和工作流程；

(5)熟悉库仑仪的常见检测项目、检测方法、检测指标；

(6)掌握常见检测项目的反应原理,干扰来源,消除方法；

(7)掌握有效数字定义、修约规则、运算规则、取舍,实验结果记录规范要求；

(8)掌握实验结果的评价方法,掌握实验结果误差的种类及消除方法；

(9)掌握样品的采集方法,了解样品的交接和保管方法；

(10)掌握实验室的安全必知必会知识,及实验室管理知识。

素质目标

(1)具有良好的职业素质；

(2)具有实事求是、科学严谨的工作作风；

(3)具有良好的团队合作意识；

(4)具有管理意识；

(5)具有自我学习的兴趣与能力；

(6)具有环境保护意识；

(7)具有良好的经济意识；

(8)具有清醒的安全意识；

(9)具有劳动意识；

(10)具有一定计算机、英语应用能力。

子情境一　工业用异丙醇中水分含量测定法
（库仑电量法）

一、采用标准

GB/T 7814—2008 工业用异丙醇。

二、方法原理

试样中的水分与电解液中的碘进行定量反应，反应式为：

$$H_2O + I_2 + SO_2 \longrightarrow 2HI + SO_3$$

$$2I^- - 2e \longrightarrow I_2$$

参加反应的碘的分子数等于水的分子数，而电解生成的碘与所消耗的电量成正比，依据法拉第定律，在仪器上直接读出被测试样中的水含量。

三、仪器试剂

1. 仪器

① 一般实验室仪器。

② 库仑电量水分测定仪，检测灵敏度 $0.1\mu g$ 水。

2. 试剂

在未注明其他要求时，所用试剂和水为分析纯试剂和 GB/T 6682—2008 中规定的三级水。

四、分析步骤

1. 仪器标定

定期向电解池中注入一定量纯水对仪器进行标定，仪器显示数值与理论值的相对误差不应大于 5%。

2. 样品测定

① 加入电解液，调节库仑电量水分测定仪，使电解池内达到无水状态。

② 用玻璃注射器进样 1mL（根据实验室样品含水量的多少适当调节进样量）。

③ 进样结束后，进行电量滴定，在库仑电量水分测定仪显示屏上直接读取水的质量。

五、数据记录

试样测定		
试样编号	1	2
进样前质量/g		
进样后质量/g		
试样质量/g		
读出的水的质量/g		
试样中水的质量分数/%		
试样中水的质量分数/%		
数据评价		
数据指标	测得数据结果	最终数据结论
质量指标	测得质量结果	最终质量结论

六、结果计算

试样中水的质量分数，数值以%表示，按下式计算：

$$w = \frac{m}{m_1 - m_2} \times 100 = \frac{m}{(V_1 - V_2)\rho_{20}} \times 100$$

式中　m——从仪器读取的水质量的数值，g；

　　m_1——进样前注射器和试料质量的数值，g；

　　m_2——进样后注射器和试料质量的数值，g；

　　V_1——进样前注射器和试料体积的数值，mL；

　　V_2——进样后注射器和试料体积的数值，mL；

　　ρ_{20}——20℃下试料密度的数值，g/mL。

七、数据评价

在重复性条件下，两次平行测定结果的绝对差值不大于两个测定值的算术平均值的 5%。

八、结果表示

取两次平行测定结果的算术平均值为测定结果。

九、质量评价

工业异丙醇中水的质量分数为：不大于 0.20%。

子情境二　有机液体化工产品工业用异丙醇中微量硫含量的测定（微库仑法）

一、采用标准

GB/T 7814—2008 工业用异丙醇。

GB/T 6324.4—2008 有机化工产品试验方法　第 4 部分：有机液体化工产品微量硫的测定　微库仑法。

二、方法原理

样品在裂解管汽化段汽化并与载气混合进入燃烧段与氧气合并燃烧，硫转化成二氧化硫，随着载气一起进入滴定池，与电解液中的碘三离子（I_3^-）发生如下反应：

$$I_3^- + SO_2 + H_2O \longrightarrow SO_3 + 3I^- + 2H^+$$

滴定池中碘三离子（I_3^-）浓度降低，指示-参比电极对指示出这一变化并和给定的偏压相比较，将此信号输入到微库仑放大器，经放大后输出电压加到电解电极，电解阳极处发生如下反应：

$$3I^- \longrightarrow I_3^- + 2e$$

被消耗的碘三离子（I_3^-）得到补充，消耗的电量就是电解电流对时间的积分，根据法拉第电解定律计算试样中的硫含量。

三、仪器试剂

1. 仪器

① 一般实验室仪器。

② 微库仑仪，能满足最小检测硫含量不大于 0.5mg/kg 的微库仑仪均可使用。

③ 微量注射器：1μL、5μL 或 10μL。

2. 试剂

在未注明其他要求时，所用试剂和水为分析纯试剂和 GB/T 6682—2008 中规定的三级水。

① 载气：氮气、氩气或氦气，体积分数不低于 99.5%。

② 氧气：体积分数不低于 99.5%。

③ 电解液：将 0.5g 碘化钾、0.6g 叠氮化钠、5mL 冰乙酸溶于 1000mL 的棕色瓶中，避光阴凉处保存。

④ 标准物质：二苯并噻吩、噻吩或二丁基二硫醚等，质量分数不小于 98%。

⑤ 溶剂：异辛烷、正庚烷或十六烷等。溶剂在检测条件下无硫的积分值显示。

⑥ 硫标准储备液（1000mg/L）：在 100mL 容量瓶中加入少量溶剂，称取标准物质二苯并噻吩约 0.58g（或噻吩约 0.26g、二丁基二硫醚约 0.28g），精确至 0.1mg，定量转移至容量瓶中，用溶剂稀释至刻度。

⑦ 硫标准溶液：用溶剂将标准储备液稀释为一系列浓度的硫标准溶液，其浓度单位为 mg/L，也可外购符合要求的标准溶液。

四、分析步骤

1. **仪器准备**

① 按照仪器说明书，将仪器调整至工作状态。

② 推荐的典型操作条件。

a. 气体流量：载气（N_2）为 60～240L/min，氧气为 40～200mL/min。

b. 裂解炉温度：汽化段 600～800℃，燃烧段 730～1000℃，稳定段 630～900℃。

c. 进样速度：0.2～0.6μL/s。

d. 偏压：135～160mV。

2. **校正**

① 每次分析需用与待测试样硫含量相近的硫标准溶液进行校正。

② 用微量注射器，抽取一定体积的标准溶液，消除气泡，擦干针头，将针芯慢慢拉出一定体积，读取针管内标准溶液体积数，匀速进样。完毕后，将针芯慢慢拉出一定体积，读取标准溶液残留体积。两者差值即为进样体积。

③ 每个标准溶液至少重复测定三次，取其算术平均值作为转化率的测定结果。转化率应在 80%～120% 之间。如果转化率不在规定范围内，应按照仪器说明书检查仪器系统，必要时可重新更换电解液、电极溶液或标准溶液。

3. **测定**

用待测试样清洗注射器 3～5 次，注入适量试样，记录微库仑仪读数。

五、数据记录

试样测定		
试样编号	1	2
读出的硫的含量/(mg/L)		
试样中硫的质量分数/(mg/kg)		
试样中硫的质量分数/(mg/kg)		
数据评价		
数据指标	测得数据结果	最终数据结论
质量指标	测得质量结果	最终质量结论

六、结果计算

硫的质量分数 w，数值以 mg/kg 表示，按下式计算：

$$w=\frac{c}{\rho}$$

式中　c——从微库仑仪上读出的试样的硫含量数值，mg/L；

　　　ρ——试样在试验温度下密度的数值，g/mL。

七、数据评价

在重复性条件下，当硫的质量分数为 0.5～5mg/kg 时，两次平行测定结果的差值不超过算术平均值的 10％；当硫的质量分数大于 5mg/kg 时，两次平行测定结果的差值不超过算术平均值的 8％。

八、结果表示

取两次平行测定结果的算术平均值为测定结果。

九、质量评价

工业用异丙醇中硫化物（以 S 计）含量为：不大于 2mg/kg。

子情境三　原油中有机氯含量的测定（微库仑法）

一、采用标准

GB/T 18612—2001 原油中有机氯含量的测定　微库仑计法。

二、方法原理

进行原油蒸馏，得到 204℃前馏分油，蒸馏方法采用 GB/T 6536—2010 石油产品常压蒸馏特性测定法。馏分油用氢氧化钾和水充分洗脱，除去 H_2S 和无机氯。

把洗脱过的馏分油注入到含有约 80％的氧气和 20％惰性气体（例如氦气、氩气或氮气）的气流中，气体载样品流过一个温度保持在 800℃的裂解管，在其中有机氯转变为氯化物和氯氧化物，然后流进滴定池，与滴定池中的银离子反应。消耗的银离子由库仑计的电解作用进行补充，根据补充银离子所消耗的总电量，得出所进样品中氯含量的测定值。

滴定池中的反应如下：

$$Cl^- + Ag^+ \longrightarrow AgCl\downarrow$$

上述反应中消耗的银离子由库仑计的电解作用产生，发生器的阳极反应如下：

$$Ag \longrightarrow Ag^+ + e^-$$

三、仪器试剂

1. 仪器

　　① 一般实验室仪器。

　　② 微库仑仪 1 台。

　　③ 微量注射器：50μL。

2. 试剂

在未注明其他要求时，所用试剂和水为分析纯试剂和 GB/T 6682—2008 中规定的二级水。

　　① 反应气：氧气，高纯级（HP）。

　　② 载气：氮气、氩气、氦气或二氧化硫，高纯级（HP）。

　　③ 冰乙酸。

④ 电解液：用 300mL 蒸馏水与 700mL 冰乙酸混合配制。

⑤ 乙酸银（纯净粉末）。

⑥ 氯苯。

⑦ 异辛烷。

⑧ 氯标准储备液（1000mg/L）：称取 1.587g 氯苯，精确至 0.001g，装入 500mL 容量瓶中，用异辛烷稀释到满刻度。

⑨ 氯标准使用溶液（10mg/L）：称取 1.0mL 氯标准储备液到 100mL 容量瓶，用异辛烷稀释至刻度。

四、分析步骤

1. 仪器准备

① 按照仪器说明书，将仪器调整至工作状态。

② 推荐的典型操作条件

a. 气体流量：载气（N_2）为 40L/min，氧气为 160mL/min。

b. 裂解炉浊度：入口段 700℃，中间段和出口段 800℃。

c. 进样速度：不超过 0.5μL/s。

d. 偏压：240～265mV。

e. 增益：约 1200。

2. 测定

① 用 50μL 注射器抽取 30～40μL 馏分油样品，仔细地清除气泡。抽回针杆以使液凹面最低点达到 5μL 处，记录注射器中液体的体积读数。样品注射后，再抽回针杆，以使液凹面最低点达到 5μL 处，记录注射器中液体的体积读数。两次体积读数之差就是注射的样品体积。

② 也可用另一种方法，即称量样品注射前和注射后的注射器质量，精确到 0.01mg，两次质量之差就是注射样品质量。这种方法比体积注射方法准确度更高。

③ 以不超过 0.5μL/s 的速度将样品注射到裂解管中。

④ 有机氯含量低于 5μg/g 时，针头隔垫空白的影响会更加显著。为提高准确度，应将注射器针头插入裂解管入口段，直至针头隔垫空白被滴定后再注射样品或标样。

⑤ 有机氯含量超过 25μg/g 的样品，只需进样 5.0μL。

⑥ 每 4h 用氯标准溶液进行测定，检查系统回收率，系统回收率一般为 85% 或更高。

⑦ 氯标准溶液至少重复测定三次。

⑧ 日常用异辛烷检查系统空白，应从样品和标样测定数据中减去系统空白，当针头隔垫被滴定后，系统空白一般小于 0.2μg/g。

五、数据记录

试样测定		
试样编号	1	2
读出的氯的含量/(mg/L)		
试样中氯的质量分数/(mg/kg)		
试样中氯的质量分数/(mg/kg)		
数据评价		
数据指标		测得数据结果		最终数据结论
质量指标		测得质量结果		最终质量结论

六、结果计算

① 馏分油中的有机氯含量，数值以 mg/kg 表示，按下式计算：

$$w=\frac{c}{\rho}$$

式中　c——从微库仑仪上读出的馏分油中有机氯含量，mg/L；

　　　ρ——试样在试验温度下的密度，g/mL。

② 原油样品中的有机氯含量用馏分油的质量分数乘以馏分油中有机氯含量得出。

七、数据评价

在重复性条件下，两次平行测定结果的差值不应超过平行测定结果的算术平均值的 0.6 次幂的 0.7 倍。

八、结果表示

取两次平行测定结果的算术平均值为测定结果。

知识窗四　库仑分析法

一、概述

库仑分析法（coulometry）是通过测量消耗于溶液中待测物质所需的电量来定量地测定这一物质含量的方法。

库仑分析法根据电解方式以及电量测量方式的不同分为控制电位库仑法、恒电流库仑法及动态库仑法。

二、基本原理

1. 法拉第电解定律

法拉第电解定律是指在电解过程中电极上所析出的物质的量与通过电解池的电量的关系可用数学式表示如下：

$$m=\frac{M}{nF}it \tag{4-1}$$

式中，m 为析出物质的质量，g；M 为其摩尔质量；n 为电极反应中的电子转移数；F 为法拉第常数，$F=96487C/mol$；i 为通过溶液的电流，A；t 为通过电流的时间，s。

法拉第电解定律是自然科学中最严格的定律之一，它不受温度、压力、电解质浓度、电极材料和形状、溶剂性质等因素的影响。

2. 控制电位库仑分析法

（1）方法原理

控制电位库仑法是根据被测物质在电解过程中所消耗的电量来求其含量的方法，其中被控制的量是电位。电解池中除工作电极和对电极外，尚有参比电极，它们共同组成电位测量与控制系统。在电解过程中，控制工作电极的电位为恒定值，使被测物质以 100% 的电流效率进行电解，当电解电流趋近于零时，指示该物质已被电解完全。如果用与之串联的库仑计，精确测量使该物质被全部电解所需的电量，即可由法拉第电解定律计算其含量。常用的工作电极有铂、银、汞、碳电极等。控制电压库仑分析法的装置如图 4-1 所示。

（2）特点及应用

① 控制电位库仑法不要求被测物质在电极上沉积为金属或难溶物，因此可用于测定进

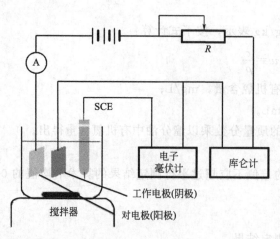

图 4-1　控制电压库仑分析法的装置

行均相电极反应的物质，特别适用于有机物的分析。

② 方法的灵敏度和准确度均较高，能测定微克级物质，最低能测定至 $0.01\mu g$，相对误差为 $0.1\%\sim0.5\%$。

③ 能用于测定电极反应中的电子转移数。

3. 控制电流库仑分析法

(1) 库仑滴定方法原理

库仑法是用恒定的电流，以 100% 的电流效率进行电解，在电解池中产生一种物质，然后该物质与被分析物质进行定量的化学反应，反应的化学计量点可借助于指示剂或其他电化学方法来指示。此法与容量分析有相似之处，不过滴定剂不是由滴定管加入的，而是电解产生的，产生的滴定剂的量可以由所消耗的电量求得，所以称为库仑滴定法。由于是用恒定的电流进行电解，电解过程中所消耗的电量，可以简单地由电流与时间的乘积求得，因此又称为恒电流库仑滴定法。控制电流库仑滴定分析法的装置如图 4-2 所示。

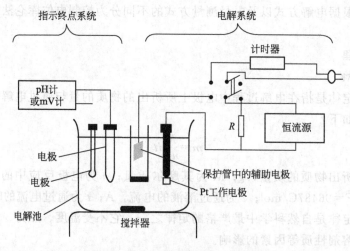

图 4-2　控制电流库仑分析法的装置

在库仑滴定法中，由于一定量的被分析物质需要一定量的由电解产生的滴定剂与之作用，而此一定量的滴定剂又是被一定量的电量所电解产生的，所以被分析物质与产生滴定剂所消耗的电量之间符合法拉第电解定律的关系。

库仑滴定电解时，为了防止可能产生的干扰反应，保证 100% 的电流效率，可使用多孔性套筒将阳极与阴极分开，对电极置于多孔性套筒中。电解时间由计时器指示。当达到滴定反应的化学计量点时，指示电路发出"信号"，指示滴定终点，用人工或自动装置切断电解电源，并同时记录时间。

(2) 库仑滴定法的特点及应用

① 由于库仑滴定法所用的滴定剂是由电解产生的，边产生边滴定，所以可以使用不稳

定的滴定剂，如 Cl_2、Br_2、Cu^+ 等。这就扩大了容量分析的应用范围。

② 能用于常量组分及微量组分的分析，方法的相对误差约为 0.5%。如采用精密库仑滴定法，由计算机程序确定滴定终点，准确度可达 0.01% 以下，能用作标准方法。

③ 控制电位的方法也能用于库仑滴定，以提高选择性，扩大应用范围。

④ 库仑滴定法可以采用酸碱中和、氧化还原、沉淀及配位等各类反应进行滴定。

4. 微库仑分析法

微库仑分析法又称为动态库仑法，它既不是控制电位的方法，也不是控制电流的方法。但是微库仑分析法与库仑滴定法相似，也是由电解的滴定剂来滴定被测物质的浓度，但在滴定的过程中，电流的大小是随滴定的程度而变化的，所以又称为动态库仑滴定。它是在预先含有滴定剂的滴定池中加入一定量的被滴定物质后，由仪器本身完成从开始滴定到滴定完成的整个过程。

在滴定开始之前，指示电极和参比电极所组成的监测系统的输出电压 $E_指$ 为平衡值，调节 $E_偏$ 使 ΔU_1 为零，经过放大器放大后的输出电压 ΔE_w 为零，所以发生电极上无滴定剂生成。当有能与滴定剂发生反应的被滴定物质进入滴定池后，由于被滴定物质与滴定剂发生反应而使滴定剂的浓度发生改变，指示电极的电位将产生偏离（也可以指示被测物质的浓度），这时，$E_指 \neq E_偏$，经放大后的 ΔE_w 也不为零，则

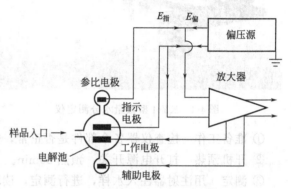

图 4-3 微库仑分析法的装置

ΔE_w 驱使发生电极上开始进行电解——生成滴定剂。随着电解的进行，滴定渐趋完成，滴定剂的浓度又逐渐回到滴定开始前的浓度值，使得 ΔE_1 也渐渐回到零；同时 ΔE_w 也越来越小，产生滴定剂的电解速度也越来越慢。当达到滴定终点时，体系又回复到滴定开始前的浓度值，ΔE_1 又为零，ΔE_w 也为零，则不再有滴定剂产生，滴定即完成。在滴定过程中，有积分记录仪直接记录滴定所需电量，据此可计算出进入滴定池中的物质的浓度来。微库仑分析法的装置如图 4-3 所示。

在微库仑滴定中，靠近滴定终点时，ΔE_w 变得越来越小，则电解产生滴定剂的速度也变得越来越慢，直到终点。所以该法确定终点较为容易，准确度较高，应用较为广泛。

5. 滴定终点的确定

与普通容量分析一样，库仑滴定也可以用指示剂来确定滴定终点。

用电分析方法来指示滴定终点时，可分为电流法、电压法和电导法。当用电流法来监测滴定终点时，是控制指示电极系统的电压（相对于参比电极或两指示电极之间的电位差）为一个不变的恒定值，记录滴定过程中电流随加入滴定剂体积的变化曲线来指示滴定终点。可以分为单指示电极（另一电极为参比电极）电流法和双指示电极电流法；电压法也可以分为单指示电极（另一电极为参比电极）电压法和双指示电极电压法，它是在近似于开路或给指示电极施加一个小的恒定电流值，记录滴定过程中电池的电动势值（即两电极的电位差）随加入滴定剂体积的变化曲线来确定滴定终点。单指示电极电压法即电位滴定法，也就是上述的电位法指示滴定终点。

三、库仑仪的使用

1. KY-4 型微量水分测定仪

（1）仪器简介

仪器采用了功能强大的新一代处理器及全新的外围电路，优异的低功耗性能；测量电极信号作为电解结束的判据，其稳定性、准确性是影响测量精度的关键因素，由于使用了先进的器件和方法，实现了测量电极信号的精确探测；进一步深入了解电解液特性，提出了新的软件补偿修正算法，提高了测量精度；带触摸键的大尺寸液晶显示屏，显示界面图文并茂、直观友好。

图 4-4　KY-4 型微量水分测定仪

（2）仪器面板

KY-4 型微量水分测定仪如图 4-4 所示。

（3）微量水分测定仪的通用测定方法

① 准备工作　检查仪器各个部件是否正常，安装电极。

② 开机预热　打开电源开关，预热 20min。

③ 测定　用注射器注入水样，进行测定，读取测得水的量。

④ 关机　关闭仪器电源开关。

2. KY-200 型微库仑滴定仪

（1）仪器简介

KY-200 型微库仑测定仪是应用微库仑分析技术，采用计算机控制微库仑滴定的最新产品，具有性能可靠、操作简易、稳定性好、便于安装等特点，可用于石油化工产品中微量硫、氯的分析，广泛应用于石油、化工、科研等部门。

KY-200 微库仑测定仪以 WindowsXP 操作系统为工作平台，其友好的用户界面使分析人员操作更为方便、快捷。在系统分析过程中，操作条件、分析参数和分析结果均在显示器上直接显示，并根据需要可将参数、结果进行存盘和打印，以便日后调用、存档。

（2）仪器面板

KY-200 型微库仑测定仪如图 4-5 所示。

（3）微库仑仪的通用使用方法

① 准备工作　检查仪器各个部件是否正常，冲洗滴定池，连接滴法。

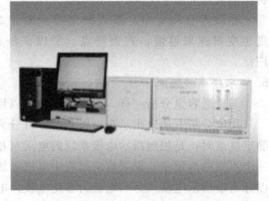

图 4-5　KY-200 型微库仑测定仪

② 通气　通入氮气和氧气。

③ 开机　打开电源开关。

④ 设置参数　测试偏压，设置偏压，选择工作参数，选择放大倍数和积分电阻。

⑤ 测试转化率　用微量注射器进标样，测定转化率，进行校正。

⑥ 测定　用微量注射器进试样，测定硫或氯含量。

⑦ 关气　关闭气源。

⑧ 关机　待石英管冷却后，关闭仪器电源开关。

习　题

1. 写出电解方程的数学表达式并说明各符号的含义。

2. 简要说明微库仑分析法的原理。

3. 用库仑滴定法测定苯酚含量。将 10.0mL 含苯酚的试液放入烧杯中，再加入一定量的 HCl 和 0.1mol/L NaBr 溶液。由电解产生 Br_2 来滴定 C_6H_5OH：

$$2Br^- \rightleftharpoons Br_2 + 2e^- \qquad C_6H_5OH + 3Br_2 \rightleftharpoons C_5H_2Br_3OH + 3HBr$$

若电流强度为 6.43mA，到达终点所需时间 112s，计算试液中苯酚的浓度为多少？

4. 用库仑滴定法测定水中钙的含量，在 50.0mL 氨性试液中加入过量的 $HgNH_3Y^{2-}$，使其电解产生的 Y^{4-} 来滴定 Ca^{2+}，若电流强度为 0.0180A，则到达终点需 3.50min，计算每毫升水中 $CaCO_3$ 的质量（mg）为多少？

5. 用库仑滴定法测定防蚁制品中砷的含量。称取样品 6.39g，溶解后用肼将 As（Ⅴ）还原为 As（Ⅲ）。在弱碱性介质中，由电解产生的 I_2 来滴定 As（Ⅲ）：

$$2I^- \rightleftharpoons I_2 + 2e^- \qquad HAsO_3^{2-} + I_2 + 2HCO_3^- \rightleftharpoons HAsO_4^{2-} + 2I^- + H_2O + 2CO_2$$

若电流强度为 95.4mA，到达终点需 14min2s，计算样品中 As_2O_3 的质量分数为多少？

6. 用库仑滴定法测定蛋白质中氮的含量。蛋白质样品经硫酸消化，使氮转化为硫酸铵，并稀释至 100.0mL，取 1.00mL 调节 pH 至 8.6，用电解产生的 OB 来滴定：

$$Br^- + 2OH^- \rightleftharpoons OBr^- + H_2O + 2e^- \qquad 2NH_3 + 3OBr^- \rightleftharpoons N_2 + 3Br^- + 3H_2O$$

若电流强度为 10.0mA，到达终点需要 159.2s。计算蛋白质中含氮量（mg）为多少？

情境五

委托样品检验（气相色谱法）

能力目标

(1)能熟练使用气相色谱仪；

(2)能对仪器进行调试、维护和保养，能准确判断仪器的常见故障，能排除仪器的简单故障；

(3)能按国家标准和行业标准进行采样，能规范进行样品记录、交接、保管；

(4)能正确熟练使用天平（托盘天平、分析天平或电子天平）称量药品，使用玻璃仪器进行药品配制；

(5)能根据国家标准、行业标准等对石油化工、食品、药品等委托样品检验进行质量检验；

(6)能正确规范记录实验数据，熟练计算实验结果，正确填写检验报告；

(7)能正确评价质量检验结果、分析实验结果和误差并消除误差；

(8)能熟练使用计算机查找资料、使用 PPT 汇报展示、使用 WORD 整理实验资料和总结结果；

(9)能掌握课程相关的英语单词，阅读仪器英文说明书，对于英语能力高的学生可以进行简单的仪器使用相关的英文对话；

(10)能与组员进行良好的沟通，能流畅表达自己的想法，能解决组员之间的矛盾。

知识目标

(1)掌握气相色谱仪的结构组成、工作原理；

(2)了解气相色谱仪的种类及同种分析仪器的性能的差别优劣；

(3)掌握气相色谱仪进行质量检验的实验分析方法、计算公式；

(4)熟悉企业质量检验岗位的工作内容和工作流程；

(5)熟悉气相色谱仪的常见检测项目、检测方法、检测指标；

(6)掌握常见检测项目的反应原理，干扰来源，消除方法；

(7)掌握有效数字定义、修约规则、运算规则、取舍，实验结果记录规范要求；

(8)掌握实验结果的评价方法，掌握实验结果误差的种类及消除方法；

(9)掌握样品的采集方法，了解样品的交接和保管方法；

(10)掌握实验室的安全必知必会知识，及实验室管理知识。

素质目标

(1)具有良好的职业素质；

(2)具有实事求是、科学严谨的工作作风；

(3)具有良好的团队合作意识；

(4)具有管理意识；

(5)具有自我学习的兴趣与能力；

(6)具有环境保护意识；

(7)具有良好的经济意识；

(8)具有清醒的安全意识；

(9)具有劳动意识；

(10)具有一定计算机、英语应用能力。

子情境一　工业正丁醇中正丁醇含量的测定（归一化法）

一、采用标准

GB/T 6027—1998 工业正丁醇。

二、方法原理

试样通过色谱柱，各组分得到分离，用火焰离子化检测器检测，面积归一化法定量。

三、仪器试剂

1. 仪器

① 一般实验室仪器。

② 气相色谱仪，灵敏度及稳定性符合 GB/T 9722—2006 化学试剂　气相色谱法通则中有关规定。

③ 色谱柱。

a. 柱管：内径 3mm，长 2～3m 的不锈钢管或玻璃管。

b. 固定相：聚乙二醇（20000＋101），白色担体（1＋10）。

④ 检测器：火焰离子化检测器。

⑤ 进样器：微量注射器 10μL。

2. 试剂

在未注明其他要求时，所用试剂和水为分析纯试剂和 GB/T 6682—2008 中规定的三级水。

① 丙酮。

② 氮气：纯度不小于 99.99%。

③ 氢气：纯度不小于 99.9%。

④ 空气：经净化处理。

四、分析步骤

1. 仪器准备

① 色谱操作条件：氮气流速 40mL/min，氢气流速 40mL/min，空气流速 400mL/min，柱箱温度 110℃，汽化室温度 180℃，检测器温度 180℃，进样量 1μL。

② 按照色谱操作条件调整仪器，等待基线稳定。

2. 测定

用微量注射器进样，量取各组分峰面积，用面积归一化法计算。

五、数据记录

试样测定		
试样编号	1	2
正丁醇的峰面积/μV·s		
异丁醇的峰面积/μV·s		
异戊醇的峰面积/μV·s		
辛醇的峰面积/μV·s		
试样中正丁醇的含量/%		
试样中正丁醇的含量/%		
数据评价		
数据指标	测得数据结果	最终数据结论
质量指标	测得质量结果	最终质量结论

六、结果计算

正丁醇含量 x_1 以质量分数表示，按下式计算：

$$x_1 = \frac{A}{A + \sum A_i} \times (100 - x_3)$$

式中　A——试样中正丁醇的峰面积；

$\sum A_i$——试样中各杂质峰面积之和；

x_3——试样中水分含量。

七、数据评价

在重复性条件下，两次平行测定结果之差不得大于 0.1%。

八、结果表示

取两次平行测定结果的算术平均值为测定结果。

九、质量评价

工业正丁醇中正丁醇含量为：不小于 99.5%（优等品），不小于 99.0%（一等品），不小于 98.0%（合格品）。

子情境二　焦化甲苯中烃类杂质含量的测定（内标法）

一、采用标准

GB/T 2284—2009 焦化甲苯。

GB 8038—2009 焦化甲苯中烃类杂质的气相色谱测定方法。

二、方法原理

将已知量的内标物加入试样中，用注射器取一定量的该混合物注入色谱仪汽化室，汽化的混合物被载气携带进入色谱柱层析，由氢火焰离子化检测器检测流出的每个组分，并在记录器上记录色谱图。

用杂质的相对保留时间定性，用杂质相对于内标物的色谱峰面积定量。

计算时要考虑检测器相对校正因子对各组分的影响。

三、仪器试剂

1. 仪器

① 一般实验室仪器。

② 气相色谱仪，仪器应有足够的灵敏度，使含有质量分数为 0.005% 乙基苯的混合物，在规定的试验条件下，得到的峰高至少为噪声的两倍。

③ 色谱柱

a. 柱管：内径 2mm，长 4m 的不锈钢管、铜管、铝管或玻璃管。

b. 固定相：聚乙二醇 1540 或聚乙二醇 1500＋经酸洗过后的 6201 担体。

④ 检测器：火焰离子化检测器。

⑤ 进样器：微量注射器 $1\mu L$、$10\mu L$、$50\mu L$ 和 10mL。

2. 试剂

在未注明其他要求时，所用试剂和水为分析纯试剂和 GB/T 6682—2008 中规定的三级水。

① 丙酮。

② 氮气：纯度不小于 99.99％。

③ 氢气：氢气纯度不小于 99.9％，氧含量不大于 0.0005％（体积分数）。

④ 空气：经净化处理。

⑤ 正己烷：色谱纯（不含苯、正癸烷、乙基苯）。

⑥ 内标物：正癸烷，纯度不小于 99％（质量分数）。

⑦ 标准物：纯度不低于 99％（质量分数）。

⑧ 苯。

⑨ 甲苯。

⑩ 乙基苯。

四、分析步骤

1. 仪器准备

① 色谱操作条件：载气（H₂）流速调整到甲苯的保留时间在 6～15min，载气：空气＝1：（10～15），柱箱温度 100℃（允许上下调整 20℃），汽化室温度 200℃（不低于最终馏分的沸点），检测器温度 120℃，进样量 1μL。

② 按照色谱操作条件调整仪器，等待基线稳定。

2. 校正因子的测定

① 用注射器取出 10mL 正己烷注入清洁、干燥、带塞的 25mL 容量瓶内。用 50μL 注射器分别将正癸烷、苯、甲苯和乙基苯各 50μL 依次注入到容量瓶内，用增量法分别称出各组分的质量，称准至 0.1mg。然后再加入正己烷至容量瓶的刻度，混合均匀，此溶液即为测定校正因子的标准样。

② 等基线稳定后，往色谱仪注入上述标准样，并记录色谱图。

③ 运用色谱工作站进行校正，也可计算求得各组分校正因子。

3. 测定

① 分别取 80μL（正癸烷）和 10mL 试样注入带塞容量瓶中，用增量法称出正癸烷和试样的质量，称准至 0.2mg，混合均匀，此液即为试样。

② 待基线稳定后，注入 1μL 试样，并记录色谱图。

③ 根据各杂质和正癸烷的峰面积计算求得各组分的含量，也可运用色谱工作站直接查得各组分的含量。

五、数据记录

标准溶液的配制		
名称	称量质量/g	相对校正因子
正癸烷		
苯		
试样测定		
试样编号	1	2
正癸烷的质量/g		
试样的质量/g		
正癸烷的峰面积/μV·s		
苯的峰面积/μV·s		
试样中苯的含量/%		
试样中苯的含量/%		

数据评价			
数据指标		测得数据结果	最终数据结论
质量指标	非芳烃： 苯： C_8 芳烃：	测得质量结果	非芳烃： 苯： C_8 芳烃：	最终质量结论

注：以苯为例，其他苯系物（甲苯、乙苯）自行设计。

六、结果计算

① 各组分的相对校正因子按下式计算：

$$f_i' = \frac{A_0}{A_i} \times \frac{\rho_i}{0.730}$$

式中　f_i'——i 组分的相对校正因子；

　　　A_i——i 组分的峰面积，mm^2；

　　　A_0——正癸烷的峰面积，mm^2；

　　　ρ_i——i 组分的密度，g/cm^3；

0.730——正癸烷的密度，g/cm^3（$\rho_苯 = 0.879g/cm^3$，$\rho_{乙基苯} = 0.867g/cm^3$）。

② 苯、非芳烃和 C_8 芳烃各组分的含量用质量分数表示，按下式计算：

$$x_i = f_i' \times \frac{A_i \times m_1}{A_1 \times m_0} \times 100$$

式中　x_i——组分在试样中的质量分数，%；

　　　A_i——i 组分的峰面积，mm^2；

　　　A_1——正癸烷（内标物）的峰面积，mm^2；

　　　f_i'——i 组分相对于正癸烷的相对校正因子；

　　　m_0——试样质量，g；

　　　m_1——正癸烷（内标物）的质量，g。

注：所有非芳烃都采用与正癸烷相同的相对校正因子。所有 C_8 芳烃采用与乙基苯相同的相对校正因子。

七、数据评价

在重复性条件下，两次平行测定结果的差值不大于平行测定结果平均值的 10%。

八、结果表示

取两次平行试验结果的算术平均值为测定结果，报告结果取到 0.01%（质量分数）。

九、质量评价

焦化甲苯（优等品）中烃类杂质的含量为：苯的质量分数不大于 0.10%，非芳烃的质量分数不大于 1.2%，C_8 芳烃的质量分数不大于 0.10%。

子情境三　生活饮用水地表水水源中苯系物含量的测定
(外标法)

一、采用标准

GB 3838—2002 地表水环境质量标准。

GB/T 11890—1989 水质苯系物的测定　气相色谱法。

二、方法原理

在规定的条件下,将待测试样和外标物分别注入色谱仪进行分析。测定试样中苯系物和外标物的峰高,由试样中苯系物峰高计算苯系物的含量。

三、仪器试剂

1. 仪器

① 一般实验室仪器。

② 气相色谱仪,灵敏度及稳定性符合 GB/T 9722—2006 化学试剂　气相色谱法通则中有关规定。

③ 色谱柱。

a. 柱管:内径 4mm、长 3m 的不锈钢管或硬质玻璃管。

b. 固定相:邻苯二甲酸二壬酯+101 白色担体 (1+10)。

④ 检测器:火焰离子化检测器。

⑤ 进样器:微量注射器 $10\mu L$。

2. 试剂

在未注明其他要求时,所用试剂和水为分析纯试剂和 GB/T 6682—2008 中规定的三级水。

① 丙酮。

② 氮气:纯度不小于 99.9%,通过一个装有 5A 分子筛、活性炭、硅胶的净化管。

③ 氢气:纯度不小于 99.9%,通过一个装有 5A 分子筛、活性炭、硅胶的净化管。

④ 空气:经净化处理,通过一个装有 5A 分子筛、活性炭、硅胶的净化管。

⑤ 色谱标准试剂:苯、甲苯、乙苯、对二甲苯、间二甲苯、邻二甲苯、异丙苯、苯乙烯,均采用色谱纯。

⑥ 二硫化碳:在色谱上不应有苯系物各组分检出。如若检出应做提纯处理。

四、分析步骤

1. 水样采集和储存方法

① 水样采集:用玻璃瓶采集样品,样品充满瓶子,并加盖瓶塞。

② 水样保存:采集水样后应尽快分析。如不能及时分析,可在 4℃ 水箱中保存,不得多于 14 天。

2. 试样的预处理

取 50mL 调至酸性 (pH<2) 的水样放入 250mL 分液漏斗中,加 5mL 二硫化碳,振摇 2min,静置分层后,分离出有机相,待用。

3. 仪器准备

① 色谱操作条件

氮气流速34mL/min，氢气流速36mL/min，空气流速384mL/min，柱箱温度65℃，汽化室温度200℃，检测器温度150℃，进样量5μL。

② 按照色谱操作条件调整仪器，等待基线稳定。

4. 绘制工作曲线

① 取苯系物的色谱标准试剂用蒸馏水配成1mg/L、2mg/L、4mg/L、6mg/L、8mg/L、10mg/L、12mg/L浓度系列，按步骤2进行标准样品的预处理。

② 用标准样品的萃取液润洗10μL微量注射器，抽取萃取液，排出气泡及多余的萃取液，取5.0μL迅速注射至色谱仪中，立即拔出注射器。同时记录色谱图。

③ 以标准样品的浓度为横坐标，以色谱峰的峰高为纵坐标，绘制工作曲线。

5. 测定

① 用待分析试样的萃取液润洗10μL微量注射器，抽取萃取液，排出气泡及多余的萃取液，取5.0μL迅速注射至色谱仪中，立即拔出注射器。同时记录色谱图。

② 从工作曲线上查得试样中苯系物的浓度。

五、数据记录

绘制工作曲线							
苯的浓度/(mg/L)	1.00	2.00	4.00	6.00	8.00	10.00	12.00
峰高							
相关系数							
试样测定							
试样编号		1		2		3	
峰高							
苯的浓度/(mg/L)							
苯的质量浓度/(mg/L)							
苯的质量浓度/(mg/L)							
数据评价							
数据指标		测得数据结果			最终数据结论		
质量指标		测得质量结果			最终质量结论		

注：以苯为例，其他苯系物（甲苯、乙苯、二甲苯、异丙苯、苯乙烯）自行设计。

六、结果计算

苯系物的含量用质量浓度（mg/L）表示，按下式计算：

$$\rho_i = \frac{5 \times \rho_0}{50}$$

式中　ρ_i——组分在试样中的质量浓度，mg/L；

　　　ρ_0——组分在工作曲线上查得的质量浓度，mg/L。

七、数据评价

在重复性条件下，平行测定结果的相对标准偏差不大于10%。

八、结果表示

取平行测定结果的算术平均值为测定结果。

九、质量评价

生活饮用水地表水水源中苯系物的含量为：苯不超过0.01mg/L，甲苯不超过0.7mg/L，乙苯不超过0.3mg/L，二甲苯不超过0.5mg/L，异丙苯不超过0.25mg/L，苯乙烯不超过0.02mg/L。

子情境四 工业用环己烷中环己烷纯度及烃类 杂质含量的测定（归一化法和内标法）

一、采用标准

SH/T 1673—1999 工业用环己烷。

SH/T 1674—1999 工业用环己烷纯度及烃类杂质的测定 气相色谱法。

二、方法原理

内标法：当杂质含量在 0.0001%（质量分数）～0.1000%（质量分数）时，使用本法。首先在环己烷试样中加入一定量的内标物，然后将试样混匀，并用配置火焰离子化气相色谱仪进行分析。测量每个杂质和内标物的峰面积，由杂质的峰面积和内标物峰面积的比例计算出每个杂质的含量。再用 100.00 减去杂质的总量以计算环己烷的纯度。测定结果以质量分数表示。

归一化法：在规定条件下，将适量试样注入色谱仪进行分析。测量每个杂质和主组分的峰面积，再将这些峰面积量化为 100%。测定结果以质量分数表示。

三、仪器试剂

1. 仪器

① 一般实验室仪器。

② 气相色谱仪，对试样中 0.0001%（质量分数）的杂质所产生的峰高应至少大于噪声的两倍，分流进样系统应对试样沸程范围所包含的组分无歧视效应。

③ 色谱柱。

a. 柱管：内径 0.32mm、长 60m 的熔融石英毛细管。

b. 固定液：聚甲基硅氧烷。

c. 液膜厚度：0.5μm。

④ 检测器：火焰离子化检测器。

⑤ 进样器：微量注射器 10μL 和 50μL。

2. 试剂

在未注明其他要求时，所用试剂和水为分析纯试剂和 GB/T 6682—2008 中规定的三级水。

① 丙酮。

② 载气：纯度应大于 99.95%（体积分数），氮或氦均可选用。

③ 氢气：纯度不小于 99.9%。

④ 空气：经净化处理。

⑤ 高纯度环己烷：纯度大于 99.9%（质量分数）。

⑥ 标准试剂：供测定校正因子用，其纯度不低于 99%（质量分数）。包括苯、正己烷、甲基环己烷和甲基环戊烷等。

⑦ 内标物：内标物为 2,2-二甲基丁烷，其纯度应不低于 99%（质量分数）。

四、分析步骤

1. 仪器准备

① 色谱操作条件：氮气线速 27.0cm/s（氦气线速 20.0cm/s），氢气流速 40mL/min，空气流速 400mL/min，柱箱温度采用程序升温（初始温度 32℃，保持时间 6min；一阶速率

5℃/min；中间温度 52℃，保持时间 5min；二阶速率 20℃/min；终止温度 230℃，保持时间 9min），汽化室温度 200℃，检测器温度 275℃，进样量 1.2μL，分流比 45：1。

② 按照色谱操作条件调整仪器，等待基线稳定。

2. 内标法

(1) 校正因子的测定

① 用称量法配制高纯度环己烷与欲测定杂质的校准混合物。每个杂质的称量应精确至 0.0001g。计算每个杂质的含量，应精确至 0.0001%（质量分数）。所配制的杂质含量应与待测试样接近。然后，取 50～60mL 此校准混合物，注入 100mL 容量瓶中，用微量注射器精确吸取 25μL（或适量）内标物注入该容量瓶中，再用校准混合物稀释至刻度，并混匀。以内标物的密度为 0.649g/mL，环己烷的密度为 0.780g/mL，可求得内标物浓度为 0.021%（质量分数）。

② 再取高纯度环己烷，按步骤①加入内标物，以供测定高纯度环己烷中杂质本底与内标物色谱峰面积比率使用。

③ 取适量校准混合物溶液和含内标物的高纯度环己烷分别注入色谱仪，并测量内标和杂质的色谱峰面积。

④ 计算各杂质相对于内标物的质量校正因子，应精确至 0.001。

(2) 试样测定

① 取一个 100mL 容量瓶，先注入 50～60mL 的待测试样。然后，用微量注射器吸取 25μL 内标物注入该容量瓶中，再用待测试样稀释至刻度，并充分混匀。

② 取适量含内标物的试样注入色谱仪，测量除环己烷外的所有峰的面积。

3. 归一化法

将适量试样直接注入色谱仪，并测量所有杂质和环己烷的色谱峰面积。

五、数据记录

1. 归一化法

试样测定		
试样编号	1	2
环己烷的峰面积/μV·s		
苯的峰面积/μV·s		
正己烷的峰面积/μV·s		
甲基环己烷的峰面积/μV·s		
甲基环戊烷的峰面积/μV·s		
试样中环己烷的含量/%		
试样中环己烷的含量/%		
试样中苯的含量/%		
试样中苯的含量/%		
试样中正己烷的含量/%		
试样中正己烷的含量/%		
试样中甲基环己烷的含量/%		
试样中甲基环己烷的含量/%		
试样中甲基环戊烷的含量/%		
试样中甲基环戊烷的含量/%		
数据评价		
数据指标	测得数据结果	最终数据结论
质量指标	测得质量结果	最终质量结论

2. 内标法

标准溶液的配制		
名称	称量质量/g	质量校正因子
2,2-二甲基丁烷		
苯		
试样测定		
试样编号	1	2
内标物的质量/g		
试样的质量/g		
内标物的峰面积/μV·s		
苯的峰面积/μV·s		
试样中苯的含量/%		
试样中苯的含量/%		
数据评价		
数据指标	测得数据结果	最终数据结论
质量指标	测得质量结果	最终质量结论

注：以苯为例，其杂质（正己烷、甲基环己烷、甲基环戊烷）自行设计。

六、结果计算

（1）各杂质相对于内标物的质量校正因子（f'_i）。

按下式计算。

$$f'_i = \frac{C_i}{C_s(\frac{A_i}{A_s} - \frac{A_{ib}}{A_{sb}})}$$

式中 C_i——按分析步骤 2.(1) 中的步骤 (1) 计算杂质 i 的质量分数,%;

C_s——按分析步骤 2.(1) 中的步骤 (1) 计算内标物的质量分数,%;

A_i——按分析步骤 2.(1) 中的步骤 (1) 计算杂质 i 的峰面积, μV·s;

A_s——按分析步骤 2.(1) 中的步骤 (1) 计算内标物的峰面积, μV·s;

A_{ib}——含高纯度环己烷［分析步骤 2.(1) 中的步骤 (2)］中杂质的峰面积, μV·s;

A_{sb}——含高纯度环己烷［分析步骤 2.(1) 中的步骤 (2)］中内标物的峰面积, μV·s。

（2）内标法

① 环己烷纯度［P,%（质量分数）］按下式计算：

$$P = 100.00 - 100\sum C_i$$

式中 C_i——杂质 i 的质量分数,%。

② 每个杂质的浓度［C_i,%（质量分数）］按下式计算：

$$C_i = \frac{A_i f'_i C_s}{A_s}$$

式中 C_i——杂质 i 的质量分数,%;

C_s——内标物的质量分数,%;

A_i——杂质 i 的峰面积, μV·s;

A_s——内标物的峰面积, μV·s。

（3）归一化法

① 环己烷纯度［P,%（质量分数）］按下式计算：

$$P = \frac{A_1}{A_2} \times 100$$

式中　A_1——环己烷峰面积，$\mu V \cdot s$；

　　　A_2——所有色谱峰面积之和，$\mu V \cdot s$。

② 每个杂质的浓度 $[C_i, \%$（质量分数）$]$ 按下式计算：

$$C_i = \frac{A_i}{A_2} \times 100$$

式中　A_i——杂质 i 峰面积，$\mu V \cdot s$；

　　　A_2——所有色谱峰面积之和，$\mu V \cdot s$。

七、数据评价

在重复性条件下，平行测定结果之差不得大于定值。

(1) 优等品　环己烷纯度 0.0011%（质量分数）、苯 0.0002%（质量分数）、正己烷 0.0005%（质量分数）、甲基环己烷 0.0011%（质量分数）、甲基环戊烷 0.0003%（质量分数）。

(2) 一等品　环己烷纯度 0.0011%（质量分数）、苯 0.0004%（质量分数）、正己烷 0.0005%（质量分数）、甲基环己烷 0.0020%（质量分数）、甲基环戊烷 0.0008%（质量分数）。

(3) 合格品　环己烷纯度 0.0011%（质量分数）、苯 0.0022%（质量分数）、正己烷 0.0012%（质量分数）、甲基环己烷 0.0029%（质量分数）、甲基环戊烷 0.0015%（质量分数）。

八、结果表示

① 取平行测定结果的算术平均值为测定结果。

② 环己烷纯度应精确至 0.01%（质量分数）。

③ 每个杂质含量，内标法应精确至 0.0001%（质量分数），归一化法精确至 0.0010%（质量分数）。

九、质量评价

工业用环己烷中环己烷及杂质含量如下。

① 优等品。环己烷纯度不小于 99.90%（质量分数），苯不大于 50mg/kg，正己烷不大于 200mg/kg，甲基环己烷不大于 200mg/kg，甲基环戊烷不大于 150mg/kg。

② 一等品。环己烷纯度不小于 99.70%（质量分数），苯不大于 100mg/kg，正己烷不大于 500mg/kg，甲基环己烷不大于 500mg/kg，甲基环戊烷不大于 400mg/kg。

③ 合格品。环己烷纯度不小于 99.50%（质量分数），苯不大于 800mg/kg，正己烷不大于 800mg/kg，甲基环己烷不大于 800mg/kg，甲基环戊烷不大于 800mg/kg。

子情境五　化工产品工业丙酮中水含量的测定
（外标法和内加法）

一、采用标准

GB/T 6026—1998 工业丙酮。

GB/T 2366—2008 化工产品中水含量的测定　气相色谱法。

二、方法原理

用气相色谱法，在选定的工作条件下，将标准样品和适量样品分别注入气相色谱仪，使水与其他组分得到分离，用热导池检测器检测，测量样品和标样中水的峰高或峰面积，用外标法或内加法定量。

三、仪器试剂

1. 仪器

① 一般实验室仪器。

② 气相色谱仪，整机灵敏度及稳定性符合 GB/T 9722—2006 化学试剂　气相色谱法通则中有关规定。

③ 色谱柱

a. 柱管：内径 3mm、长 2m 的不锈钢管或玻璃管。

b. 固定相：GDX-101。

④ 检测器：热导池检测器。

⑤ 进样器：微量注射器 1μL 和 10μL。

2. 试剂

在未注明其他要求时，所用试剂和水为分析纯试剂和 GB/T 6682—2008 中规定的三级水。

① 载气：氮气或氦气，体积分数不低于 99.9%，经硅胶与分子筛干燥、净化。

② 正庚烷。

③ 苯。

④ 无水有机溶剂：使用外标法测定产品水质量分数大于 0.10% 时，可使用与样品相同的有机溶剂，该有机溶剂使用分子筛或其他脱水物质脱水后所含的痕量水在色谱工作条件下测定应无水峰，且该有机溶剂具有与水互溶的特性。使用者也可根据需要，选择其他相关试剂，亦可购买市售标准样品。

四、分析步骤

1. 正庚烷-水饱和溶液标准样品和苯-水饱和溶液标准样品的制备

将适量的正庚烷或苯置于分液漏斗中，加入同体积的水振荡，洗去水溶性物质，洗涤次数不少于 5 次，最后一次充分振荡后连水一起装入 500mL 正庚烷或苯-水平衡瓶中，即为正庚烷或苯-水饱和溶液，静置 10min 后可使用。每次使用前需要摇匀，静止 2min 后再用。必要时，将正庚烷或苯-水平衡瓶置于恒温水浴中。根据瓶中显示温度（温度计精度应为 0.1℃）查饱和水溶解度，得出相应的正庚烷或苯中饱和水含量。

2. 有机溶剂标准样品的制备

在碘量瓶中加入无水有机溶剂，根据被分析样品的大致含水量，加入与被测样品含水量相近的水，精确至 0.0001g，摇匀，即为标准样品。

3. 仪器准备

① 色谱操作条件：载气流速 90mL/min，柱箱温度 160℃，汽化室温度 170℃，检测器温度 170℃，桥电流 140mA，进样量 2μL。

② 按照色谱操作条件调整仪器，等待基线稳定。

4. 校正

在每次试样分析前，应按实际情况选择与被测试样水含量相接近的标准样品进行校正。当被测样品水的质量分数小于 0.05% 时，用正庚烷-水饱和溶液标准样品；当被测样品水的质量分数为 0.05%～0.1% 时，用苯-水饱和溶液标准样品；当被测样品水的质量分数为

0.1%~1.0%时，采用与样品相同的有机溶剂配制的标准样品。将适量的标样注入色谱仪，以获得水的峰高或峰面积，重复测定两次，取其平均值供定量计算用。

5. 外标法测定

注入与标准样品相同体积的试样于色谱仪，以获得水的峰高或峰面积，重复测定两次，取其平均值供定量计算用。

6. 内加法测定

将适量试样注入色谱仪，以获得水的峰高或峰面积，重复测定两次，取其平均值供定量计算用。

五、数据记录

1. 外标法

标准样品				
标样编号		1		2
标样中水的质量分数/%				
峰面积/μV·s				
峰面积/μV·s				
试样测定				
试样编号		1		2
峰面积/μV·s				
试样中水的质量分数/%				
试样中水的质量分数/%				
数据评价				
数据指标		测得数据结果		最终数据结论
质量指标		测得质量结果		最终质量结论

2. 内加法

未加水前				
试样编号		1		2
未加水的峰面积/μV·s				
加水后				
试样编号		1		2
加入的水的质量分数/%				
加水后峰面积/μV·s				
试样中水的质量分数/%				
试样中水的质量分数/%				
数据评价				
数据指标		测得数据结果		最终数据结论
质量指标		测得质量结果		最终质量结论

六、结果计算

① 外标法测定水的质量分数，数值用%表示，按下式计算：

$$w_1 = \frac{V_s \rho_s h_A w_s}{V \rho h_{As}}$$

式中　V_s——标准样品的体积的数值，μL；

　　　V——样品的体积的数值，μL；

　　　ρ_s——标准样品有机溶剂的密度的数值，g/cm³；

　　　ρ——样品有机溶剂的密度的数值，g/cm³；

h_{As}——标准样品中水的峰高或峰面积，$\mu V \cdot s$；

h_A——样品中水的峰高或峰面积，$\mu V \cdot s$。

② 内加法测定的水的质量分数，数值以%表示，按下式计算：

$$w_2 = \frac{A_x}{A_{加} - A_x} \times w_{加}$$

式中 $w_{加}$——样品中加入的水的质量分数，%；

A_x——样品中水的峰面积，$\mu V \cdot s$；

$A_{加}$——加水后样品中水的峰面积，$\mu V \cdot s$。

七、数据评价

在重复性条件下，两次独立平行测定结果之绝对差值不应超过定值。当水的质量分数≤0.1%时，不超过算术平均值的 20%；当水的质量分数为 0.1%～1.0%时，不超过算术平均值的 10%。

八、结果表示

取两次平行测定结果的算术平均值为测定结果，结果应精确至 0.001%。

九、质量评价

工业丙酮中水含量为：不大于 0.30%（优等品），不大于 0.40%（一等品），不大于0.60%（合格品）。

知识窗五 气相色谱法

一、概述

气相色谱法（gas chromatography）是利用试样中各组分在固定相和气相不断分配、吸附和脱附或在两相中其他作用力的差异，而使各组分得到分离的方法。

俄国植物学家茨威特从 1901 年起研究用色谱法分离、提纯植物色素。他在 1903 年 3 月21 日于华沙自然科学学会生物学会会议上，提出题目为"一种新型吸附现象及其在生化分析上的应用"论文，叙述了应用吸附剂分离植物色素的新方法。他将叶绿体色素的石油醚抽提液倾入装有碳酸钙吸附剂的玻璃柱管上端，继之倾入纯石油醚进行淋洗，结果不同色素按吸附顺序在管内形成相应的彩色环带，就像光谱一样。他在 1906 年发表的另一文中，命名这些色带为色谱图，称此方法为色谱法；在 1907 年于德国生物学会会议上，展示过有色带的柱管和提纯的植物色素溶液。

现在色谱法已发展成有许多分支的方法。按照体系中流动相与固定相聚集态进行分类是色谱法典型的分类方法。

为了便于从某一事实观察和考虑问题。也可将色谱法按其他标准分类，如：按固定相的形态分类，有柱色谱法、纸色谱法、薄层色谱法等；按分离的机理分类，有吸附色谱法、分配色谱法、离子交换色谱法、排阻色谱法、电泳等；按色谱展开操作方式分类，有洗脱法、顶替法、迎头法等；按色谱柱形状分类，有填充柱色谱法、毛细管柱色谱法等；按技术特点分类，有制备色谱法、裂解色谱法、顶空色谱法等，不胜枚举。

二、基本原理

1. 色谱分离的基本原理

试样组分通过色谱柱时与填料之间发生相互作用，这种相互作用大小的差异使各组分互相分离而按先后次序从色谱柱流出。这种在色谱柱内不移动、起分离作用的填料称为固定相。固定相可分为固体固定相、液体固定相两大类，分别对应于气相色谱中的气-固色谱和气-液色谱。

（1）气-固色谱

气-固色谱的固定相是固体吸附剂，试样气体由载气携带进入色谱柱，与吸附剂接触时，很快被吸附剂吸附。随着载气的不断通入，被吸附的组分又从固定相中洗脱下来（这种现象称为脱附），脱附下来的组分随着载气向前移动时又再次被固定相吸附。这样，随着载气的流动，组分吸附-脱附的过程反复进行。显然，由于组分性质的差异，固定相对它们的吸附能力有所不同。易被吸附的组分，脱附较难，在柱内移动的速度慢，停留的时间长；反之，不易被吸附的组分在柱内移动速度快，停留时间短。所以，经过一定的时间间隔（一定柱长）后，性质不同的组分便达到了彼此分离。

（2）气-液色谱

气-液色谱的固定相是涂在载体表面的固定液，试样气体由载气携带进入色谱柱，与固定液接触时，气相中各组分就溶解到固定液中。随着载气的不断通入，被溶解的组分又从固定液中挥发出来，挥发出的组分随着载气向前移动时又再次被固定液溶解。随着载气的流动，溶解-挥发的过程反复进行。显然，由于组分性质差异，固定液对它们的溶解能力将有所不同。易被溶解的组分，挥发较难，在柱内移动的速度慢，停留时间长；反之，不易被溶解的组分，挥发快，随载气移动的速度快，因而在柱内停留时间短。经一定的时间间隔（一定柱长）后，性质不同的组分便达到了彼此分离。

物质在固定相和流动相之间发生的吸附-脱附和溶解-挥发的过程，称为分配过程。显然，分配系数或分配比相同的两组分，它们的色谱峰永远重合；分配系数或分配比的值差别越大，则相应的色谱峰距离越远，分离越好。一般来说，对气-固色谱而言，先出峰的是吸附能力小而脱附能力大的物质；对气-液色谱而言，先出峰的是溶解度小而挥发性强的物质。总的来说，分配系数小的物质先出峰，分配系数大的物质后出峰。

2. 气相色谱常用术语

（1）色谱图

进样后记录仪器记录下来的检测器响应信号随时间或载气流出体积而分布的曲线图，如图5-1所示。

（2）流出曲线

色谱图中随时间或载气流出体积变化的响应信号曲线，称为流出曲线。由微分型检测器绘得的流出曲线是微分曲线，如图5-1（a）所示；由积分型检测器绘得的是积分曲线，如图5-1（b）所示。

（3）基线

当没有组分进入检测器时，色谱流出曲线是一条反映仪器噪声随时间变化的曲线，称为基线。操作条件变化不大时，常可得到如同一条直线的稳定基线。

（4）色谱峰

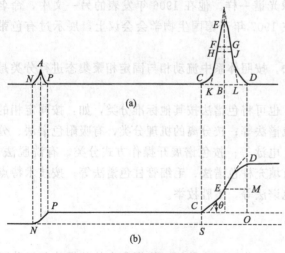

图5-1　色谱图和色谱流出曲线

当有组分流出时，微分流出曲线出现峰状。理论上讲色谱峰应该是对称的，符合高斯正态分布的，实际上一般情况下的色谱峰都是非对称的色谱峰，主要有以下几种：前伸峰、拖尾峰、分叉峰、馒头峰。

(5) 峰底

色谱峰起点与终点的连接直线。

(6) 峰高 (h)

色谱峰最大值至峰底的垂直距离。

(7) 峰底宽 (W_b)

色谱峰两侧拐点处所作切线与峰底相交两点间的距离。

(8) 半峰宽 ($W_{1/2}$)

通过峰高的中点作平行峰底的直线，此直线与峰两侧的交点之间的距离。

(9) 峰面积 (A)

流出曲线与基线间所包围的面积。峰面积的大小和组分在样品中的含量相关，因此色谱峰的峰面积是气相色谱定量分析的主要依据。

(10) 保留值

用来描述各组分色谱峰在色谱图中的位置。保留值通常用时间或体积来表示。在一定实验条件下，组分的保留值具有特征性，是气相色谱定性分析的参数。

① 保留时间 (t_R) 进样后组分流入检测器的浓度达到最大值的时间。

② 死时间 (t_M) 不被固定相滞留的物质(空气或甲烷)的保留时间称为死时间。它反映了色谱柱中柱内死体积和检测器死体积的大小，与被测组分的性质无关。

③ 调整保留时间 (t'_R) 柱温恒定时，组分保留时间减去死时间后的值。

④ 保留指数 通常以色谱图上位于组分两侧的相邻正构烷烃的保留值为基准，用对数内插法求得。而每个正构烷烃的保留指数规定为其碳原子数乘以 100。它是恒温操作下组分的一种最可靠的定性指标。

$$I = 100 \left[Z + \frac{\lg t'_{R(x)} - \lg t'_{R(Z)}}{\lg t'_{R(Z+1)} - \lg t'_{R(Z)}} \right] \tag{5-1}$$

⑤ 相对保留值 ($\gamma_{i/s}$) 一定的实验条件下，两组分调整保留时间之比。它仅与柱温及固定相性质有关，而与其他操作条件如柱长、柱内填充情况及载气的流速等无关。

⑥ 选择性因子 ($\alpha_{i/s}$) 相邻两组分调整保留值之比。它反映了色谱柱的分离选择性，值越大，相邻两组分色谱峰相距越远。当接近或等于 1 时，相邻两组分色谱峰重叠未能分开。

(11) 分配系数 (K)

在一定温度下，平衡状态时组分在固定相和流动相中浓度的比。

(12) 容量因子 (k)

组分在固定相和流动相中分配量(质量、体积、物质的量)之比。又称分配比，容量比。

(13) 相比率 (β)

色谱柱内气相与吸附剂或固定液体积之比。它能反映各种类型色谱柱不同的特点。

(14) 分离度 (R)

两个相邻色谱峰的分离程度，以两个峰保留值的差值与其色谱峰平均宽度值之比表示。

$$R=\frac{t_{R_2}-t_{R_1}}{\frac{1}{2}(W_{b_2}+W_{b_1})} \tag{5-2}$$

一般来说，当 $R<1$ 时，两峰总有部分重叠；当 $R=1$ 时，两峰能明显分离；当 $R\geqslant1.5$ 时，两峰已完全分离。一般我们把 $R\geqslant1.5$ 作为相邻色谱峰完全分离的判定依据。

3. 气相色谱基本理论

(1) 塔板理论

塔板模型将一根色谱柱视为一个精馏塔，即色谱柱是由一系列连续的、相等的水平塔板组成。每一块塔板的高度用 H 表示，称为塔板高度，简称板高。塔板理论假设：在每一块塔板上，溶质在两相间很快达到分配平衡，然后随着流动相按一个一个塔板的方式向前转移。对一根长为 L 的色谱柱，溶质平衡的次数应为：

$$n=\frac{L}{H} \tag{5-3}$$

n 称为理论塔板数。与精馏塔一样，色谱柱的柱效随理论塔板数 n 的增加而增加，随板高 H 的增大而减小。

塔板理论指出：

① 当溶质在柱中的平衡次数，即理论塔板数 n 大于 50 时，可得到基本对称的峰形曲线。在色谱柱中，n 值一般是很大的，如气相色谱柱的 n 为 $10^3\sim10^6$，因而这时的流出曲线可趋近于正态分布曲线。

② 当试样进入色谱柱后，只要各组分在两相间的分配系数有微小差异，经过反复多次的分配平衡后，仍可获得良好的分离。

③ n 与半峰宽度及峰底宽的关系式如下。

$$n=5.54\times\left(\frac{t_R}{W_{1/2}}\right)^2=16\times\left(\frac{t_R}{W_b}\right)^2 \tag{5-4}$$

式中，t_R 和 W_b 或 $W_{1/2}$ 应采用同一单位（时间或距离）。

从式(5-3) 和式(5-4) 可以看出，在 t_R 一定时，如果色谱峰越窄，则说明 n 越大，H 越小，柱效能越高。

在实际工作中，按式(5-3) 和式(5-4) 计算出来的 n 和 H 值有时并不能充分地反映色谱柱的分离效能，因为采用 t_R 计算时，没有扣除死时间 t_M，所以常用有效塔板数 $n_{有效}$ 表示柱效：

$$n_{有效}=5.54\times\left(\frac{t'_R}{W_{1/2}}\right)^2=16\times\left(\frac{t'_R}{W_b}\right)^2 \tag{5-5}$$

有效塔板高度为：

$$H_{有效}=\frac{L}{n_{有效}} \tag{5-6}$$

因为在相同的条件下，对不同的物质计算所得的塔板数不一样，因此，在说明柱效时，除色谱条件外，还应指出是用什么物质来进行测量的。

【例 5-1】 已知某组分峰的峰底宽 30s，保留时间为 210s，计算此色谱柱的理论塔板数。若色谱柱长为 2m，死时间为 20s，计算此色谱柱的有效塔板数和有效塔板高度。

解：理论塔板数为 $\quad n=16\times\left(\frac{t_R}{W_b}\right)^2=16\times\left(\frac{210}{30}\right)^2=784$ 块

有效塔板数为 $\qquad n_{有效}=16\times\left(\dfrac{t'_{R}}{W_{b}}\right)^2=16\times\left(\dfrac{190}{30}\right)^2=641$ 块

有效塔板高度为 $\qquad H_{有效}=\dfrac{L}{n_{有效}}=\dfrac{2000}{641}=3.1\text{mm}$

塔板理论是一种半经验性理论。它用热力学的观点定量说明了溶质在色谱柱中移动的速率，解释了流出曲线的形状，并提出了计算和评价柱效高低的参数。但是，色谱过程不仅受热力学的因素影响，还与分子的扩散、传质等动力学因素有关，因此塔板理论只能定性地给出塔板高度的概念，却不能解释塔板高度受哪些因素影响，也不能说明为什么在不同的流速下，可以测得不同的理论塔板数。因而限制了它的应用。

（2）速率理论

1956 年，荷兰学者范第姆特等人在研究气液色谱时，提出了色谱过程的动力学理论——速率理论。它吸收了塔板理论中塔板高度的概念，并同时考虑影响塔板高度的动力学因素，指出填充柱的柱效受涡流扩散、分子扩散、传质阻力、流动相的流速等因素的控制，从而较好地解释了影响塔板高度的各种因素。

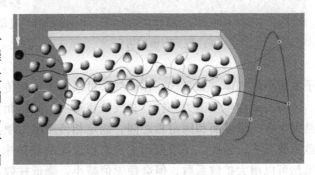

图 5-2　涡流扩散

① 谱峰展宽的因素。速率理论用随机行走模型解释了色谱流出曲线的形状是高斯曲线。

a. 涡流扩散项。在填充色谱柱中，流动相通过填充物的不规则空隙时，其流动方向不断地改变，因而形成紊乱的类似"涡流"的流动，如图 5-2 所示。由于填充物的大小、形状各异以及填充的不均匀性，使组分各分子在色谱柱中经过的通道直径和长度不等，从而造成它们在柱中的停留时间不同，其结果是使色谱峰变宽。

涡流扩散项与填充物的平均直径的大小和填充不规则因子有关，与流动相的性质、线速度和组分性质无关。因此，使用粒度细和颗粒均匀的填料，并均匀填充，是减少涡流扩散和提高柱效的有效途径。

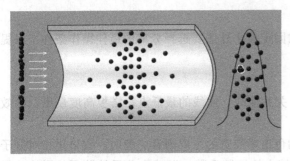

图 5-3　分子扩散

b. 分子扩散项。当试样以"塞子"形式进入色谱柱后，便在色谱柱的轴向上造成浓度梯度，使组分分子产生浓差扩散，其方向是沿柱纵向扩散。分子扩散如图 5-3 所示。

由于分子扩散系数与组分性质有关，还与组分在气相中的停留时间、载气的性质、柱温等因素有关，因此，可采用较高的载气流速，使用相对分子质量较大的载气（如 N_2），控制较低的柱温。

c. 传质阻力项。对气液色谱而言，流动相是气体，固定相是液体，因此，流动相传质阻力和固定相传质阻力常称为气相传质阻力和液相传质阻力。物质系统由于浓度不均匀而发生物质迁移过程，称为传质。影响这个过程进行速度的阻力，叫传质阻力。传质阻力如图

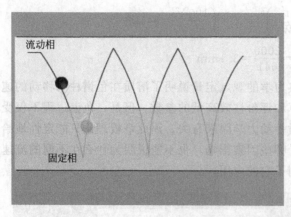

图 5-4　传质阻力

5-4 所示。

流动相传质过程是指试样在气相和气液界面上的传质。由于传质阻力的存在，使得试样在两相界面上不能瞬间达到分配平衡。所以，有的分子还来不及进入两相界面，就被气相带走，出现超前现象。当然，有的分子在进入两相界面后还来不及返回到气相，这就引起滞后现象。上面这些现象均将造成谱峰展宽。对于填充柱，流动相传质阻力与填充物粒度的平方呈正比，与组分在载气流中的扩散系数呈反比。因此，采用粒度小的填充物和相对分子质量小的气体（如氢气）作载气，可减小流动相传质阻力，提高柱效。

与流动相传质阻力一样，在气液色谱中，固定相传质阻力也会引起谱峰的扩张，不过它是发生在气液界面和固定相之间。固定相传质阻力项与固定液的膜厚度和组分在液相中的扩散系数有关。因此，一般采用比表面积较大的载体来降低液膜厚度。应该指出，提高柱温，虽然可以增大扩散系数，但会使 k 值减小，降低柱效，为了保持适当的 k 值，应该控制适宜的柱温。

② 速率理论方程。速率理论给予塔板高度 H 的新含义是：单位柱长谱峰展宽的程度。速率理论方程又称为范第姆特方程，它的表达式为：

$$H = A + \frac{B}{u} + Cu \tag{5-7}$$

式中，A 为涡流扩散项；B/u 为分子扩散项；Cu 为传质阻力项。

速率理论方程对选择色谱分离条件具有实际指导意义。它指出了色谱柱填充的均匀程度、填料粒度的大小、流动相的种类及流速、固定相的液膜厚度等对柱效的影响。但是应该指出，除上述造成谱峰扩宽的因素外，还应该考虑柱外的谱峰展宽、柱径、柱长等因素的影响。

4. **色谱操作条件的选择**

在气相色谱分析中，除了要选择合适的固定液之外还要选择分离的最佳操作条件，以提高柱效能，增大分离度，满足分离需要。

（1）载气及线速的选择

根据式(5-7)可得如图 5-5 所示的 H-u 关系曲线。曲线的最低点，塔板高度最小，柱效最高，所以该点对应的流速即为最佳流速。

当 u 值较小时，分子扩散项将成为影响色谱峰展宽的主要因素。此时，宜采用相对分子质量较大的载气（N_2），使组分在载气中有较小的扩散系数，以减小分子扩散项的影响。另一方面，当 u 较大时，传质阻力项 Cu 将是主要控制因素。此时宜采用相对分子质量较小、具有较大扩散系数的气体为载气（H_2、He），以改善气相传质。当然，选择载气时，还必须考虑与所用的检测器相适应。

（2）柱温的选择

柱温是一个重要的色谱操作参数。它直接影响分离效能和分析速度。很明显，柱温不能高于最高使用温度，否则会造成柱中固定液大量挥发流失。某些固定液有最低操作温度。一般说来，操作温度至少必须高于固定液的熔点，以使其有效地发挥作用。

降低柱温可使色谱柱的选择性增大。但升高柱温可以缩短分析时间，并且可以改善气相和液相的传质速率，有利于提高柱效能。所以这两方面的情况均要考虑到。在实际工作中，一般根据试样的沸点来选择柱温、固定液用量及载体的种类等。

对于宽沸程混合物，一般采用程序升温法进行分析。

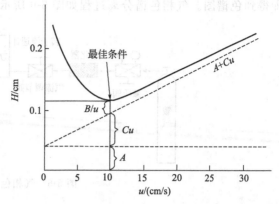

图 5-5 塔板高度与载气线速的关系

（3）柱长和内径的选择

由于分离度正比于柱长的平方根，所以增加柱长对分离是有利的。但增加柱长会使各组分的保留时间增加，延长分析时间。因此，在满足一定分离度的条件下，应尽可能地使用短柱子。一般填充柱的柱长以 2～6m 为宜。

增加色谱柱内径，可以增加分离的试样量，但由于纵向扩散路径的增加，会使柱效降低。在一般分析工作中，色谱柱内径常为 3～6mm。

（4）载体的选择

由范氏速率理论方程式可知，载体的粒度直接影响涡流扩散和气相传质阻力，间接地影响液相传质阻力。随着载体粒度的减小，柱效将明显提高。但是粒度过细时，阻力将明显增加，使柱压降增大，对操作带来不便。因此，一般根据柱径来选择载体的粒度，保持载体的直径为柱内径的 1/25～1/20 为宜。对于应用广泛的 3mm 柱，选用 60～80 目载体为好。

在速率理论方程式中，A 项中的 λ 是反映载体填充不均匀性的参数。降低 λ，即载体粒度均匀，形状规则，有利于提高柱效。

（5）进样时间和进样量

进样速度必须很快，因为当进样时间太长时，试样原始宽度将变大，色谱峰半峰宽随之变宽，有时甚至使峰变形。一般说来，进样时间应在 1s 以内。

色谱柱的有效分离试样量，随柱内径、柱长及固定液用量的不同而异，柱内径大，固定液用量高，可适当增加进样量。但进样量过大，会造成色谱柱超负荷，柱效急剧下降，峰形变宽，保留时间改变。一般来说，理论上允许的最大进样量是使塔板数下降不超过 10%。总之，最大允许的进样量，应控制在使峰面积或峰高与进样量呈线性关系的范围内。

三、气相色谱仪

气相色谱法用于分离分析试样的基本过程：由高压钢瓶供给的流动相载气，经减压阀、净化器、稳压阀和转子流速计后，以稳定的压力恒定的流速连续经过汽化室、色谱柱、检测器，最后通过皂膜流速计放空。汽化室与进样口相接。汽化室将从进样口注入的液体试样瞬间汽化为蒸气，以便随载气带入色谱柱中进行分离。分离后的试样随载气依次进入检测器，检测器将组分的浓度（或质量）变化转变为电信号。电信号经放大后，由记录器记录下来，即得到色谱图。气相色谱分离过程如图 5-6 所示。

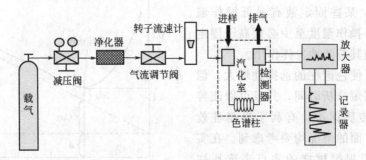

图 5-6　气相色谱分离过程

目前国内外气相色谱仪的型号和种类很多，但它们均由以下五大系统组成：气路系统、进样系统、分离系统、检测系统、记录系统。

1. 气路系统

气相色谱仪上有一个让载气连续运行、管路密闭的气路系统。它的气密性、载气流速和稳定性以及测量流量的准确性，对色谱结果均有很大的影响，因此必须注意控制。

（1）载气

气相色谱中常用的载气有氮气、氢气、氦气和氩气。它们一般都是由相应的高压钢瓶储装的压缩气源供给。至于选用何种载气，主要取决于选用的检测器和其他一些具体因素。

（2）气路结构

气相色谱仪主要有两种气路形式：单柱单气路和双柱双气路，前者适用于恒温分析，一些较简单的气相色谱仪均属这种类型。后者适用于程序升温，并能补偿固定液的流失并使基线稳定，目前多数气相色谱仪属于这种类型。

（3）净化器

净化器是用来提高载气纯度的装置。净化剂主要有活性炭、硅胶和分子筛、脱氧剂，它们分别用来除去烃类物质、水分、氧气。

（4）稳压恒流装置

由于载气流速是影响色谱分离和定性分析的重要操作参数之一，因此要求载气流速稳定。在恒温色谱中，操作条件一定时，整个系统阻力不变，因此用一个稳压阀，就可使柱子的进口压力稳定，从而保持流速恒定。但在程序升温色谱中，柱内阻力不断增加，载气的流速逐渐变小，因此必须在稳压阀后串接一个稳流阀。

（5）检漏

气路不密封将会使实验出现异常现象，造成数据的不准确。用氢气作载气时，氢气若从柱接口漏进恒温箱，可能会发生爆炸事故。

气路检漏常用的方法有两种：一种是皂膜检漏法，另一种叫作堵气观察法。皂膜检漏法是用毛笔蘸上肥皂水涂在各接头上，若接口处有气泡溢出，则表明该处漏气，应重新拧紧，直到不漏气为止。检漏完毕应使用干布将皂液擦净。

（6）载气流量的测量

载气的流量可用体积流量或线速度表示。一般采用转子流量计和皂膜流量计来测量。

皂膜流量计结构如图 5-7 所示。测量时将载气通入，然后手捏底部橡皮球使气流携带肥皂泡膜沿刻度管上升，测定肥皂泡膜通过刻度管所需时间，经过计算可得柱出口温度和压力下载气流量。皂膜流量计能够很精确地测定气体流量，使用时应将管内壁洗净，湿润，检查管路有无漏气，以免产生误差。

2. 进样系统

进样系统包括进样装置和汽化室。其作用是将液体或固体试样，在进入色谱柱前瞬间汽化，快速定量地转入到色谱柱中。进样量的大小、进样时间的长短、试样的汽化速度等都会影响色谱的分离效率和分析结果的准确性及重现性。

（1）进样器

目前液体试样的进样，一般都用微量注射器，常用的规格有 $1\mu L$、$5\mu L$、$10\mu L$ 和 $50\mu L$ 等，如图5-8所示。气体试样的进样，常用六通阀定量进样。

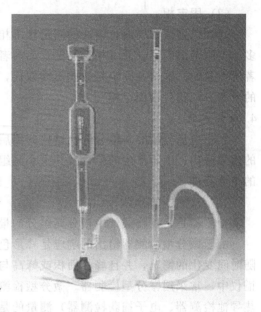

图 5-7　皂膜流量计

（2）汽化室

为了让试样在汽化室中瞬间汽化而不被分解，要求汽化室热容量大，无催化效应。为了尽量减小柱前谱峰变宽，汽化室的死体积应尽可能小。

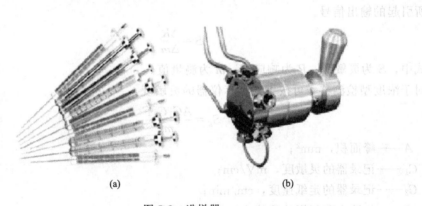

(a)　　　　　　　　　(b)

图 5-8　进样器

3. 分离系统

气相色谱仪的分离系统是色谱柱，它由柱管和装填在其中的固定相等所组成。由于混合物各组分的分离在这里完成，所以它是色谱仪中最重要的部件之一。色谱柱的分离效果除与柱长、柱径和柱形有关外，还与所选用的固定相和柱填料的制备技术以及操作条件等许多因素有关。

（1）色谱柱

① 填充柱。常用的填充柱管柱有玻璃管、金属管和塑料管柱等三类。

目前不锈钢填充柱应用较为普遍，其内径一般为 2～4mm，长度 1～10m，柱形多为螺旋形，为了减小跑道效应，其螺旋直径与柱内径之比一般为 15∶1～20∶1。

② 毛细管柱。毛细管一般使用石英玻璃制作，其内径一般为 0.20～0.32mm，液膜厚度 0.25～0.35μm，长度 20～30m，柱形为螺旋形。

（2）固定相

气固色谱法和气液色谱法的固定相不相同，分别是固体固定相和液体固定相。后者品种多，应用范围广泛。前者相形见绌；而前者对气体和低沸点化合物分离的优越性能，都是后者所不及的。这两种固定相彼此不能取代，仍必将长期并存。详见"知识窗五气相色谱法"的"四、气相色谱固定相"。

4. 检测系统

气相色谱分析时，组分经色谱柱分离后，在检测器中被检测，并且依其含量变化有相应的信号输出；由于产生的信号及其大小是组分定性和定量的依据，因此检测器是气相色谱仪的主要部件。

（1）检测器的分类

检测器是一种将载气中被分离组分的量转为易于测量的信号（一般为电信号）的装置。

由于微分型检测器给出的响应是峰形色谱图，它反映了流过检测器的载气中所含试样量随时间变化的情况，并且峰的面积或峰高与组分的浓度或质量流速呈正比。因此，在气相色谱仪中，常采用微分型检测器。微分型检测器又有浓度型和质量型之分。浓度型检测器（如热导池检测器、电子捕获检测器）测量的是载气中组分浓度的瞬时变化，即响应信号正比于载气中组分的浓度。而质量型检测器（如氢火焰离子化检测器、火焰光度检测器）的响应值正比于单位时间内组分进入检测器的质量。

（2）检测器的性能指标

① 灵敏度。色谱检测器灵敏度的物理意义与测量仪器是一样的，即输入一单位被测组分时所引起的输出信号。

$$S = \frac{\Delta R}{\Delta m} \tag{5-8}$$

式中，S 为灵敏度；R 为响应值；m 为测量值。

对于浓度型检测器，可按下式计算仪器的灵敏度：

$$S_g = \frac{AC_1 C_2 F}{m} \tag{5-9}$$

式中　A——峰面积，mm^2；

C_1——记录器的灵敏度，mV/cm；

C_2——记录器的走纸速度，cm/min；

F——扣除水蒸气影响后柱出口处流动相流速，mL/min；

m——进入检测器试样的质量。

对于质量型检测器，仪器灵敏度的计算式为：

$$S_t = \frac{60 AC_1 C_2}{m} \tag{5-10}$$

式中各符号的意义同式(5-9)。

② 检测限。气相色谱仪检测限的定义为：恰能产生相当于 2 倍噪声（$2R_N$）的信号时，单位时间进入检测器的质量（对质量型检测器）或单位体积载气中所含的试样量的质量或体积（对浓度型检测器）。

$$D = \frac{2R_N}{S} \tag{5-11}$$

式中，D 为检测限；S 为灵敏度。要降低仪器的检测限，必须在提高仪器灵敏度 S 的同时，最大限度地抑制噪声。

此外，对一个理想的色谱检测器还应具备如下特点：线性范围宽，噪声低，死体积小，响应快，并对各类物质均有响应。

5. 数据记录和处理系统

数据记录和处理系统是气相色谱分析必不可少的一部分，虽然对分离和检测没有直接的贡献，但分离效果的好坏、检测器性能的好坏，都要通过数据处理记录和系统所收集显示的数据反映出来。所以，数据记录和处理系统最基本的功能便是将检测器输出的模拟信号随时间的变化曲线，即将色谱图画出来。

(1) 电子电位差计

最简单的数据处理装置是记录仪。常用的记录仪是电子电位差计，它是一种记录直流电信号的记录仪。由于电子电位差计记录的色谱图，其色谱峰面积和峰高等数据必须用手工测量，这样往往会带来人为的误差，故记录仪的使用越来越不受欢迎，有被淘汰的趋势。

(2) 积分仪

目前，使用较为普遍的数据处理装置是电子积分仪。它实质上是一个积分放大器，是利用电容的充放电性能，将一个峰信号（微分信号）变成一个积分信号，这样就可以直接测量出峰面积，最后打印出色谱峰的保留时间、峰面积和峰高等数据。

(3) 色谱数据处理机

20 世纪 70 年代后期把单片机引入到数据积分仪中，可以将积分仪得到的数据进行存储、变换，采用多种定量分析方法进行色谱定量分析，并将色谱分析结果（包括色谱峰的保留时间、峰面积、峰高、色谱图、定量分析结果等）同时打印在记录纸上。

(4) 色谱工作站

色谱工作站是由一台微型计算机来实时控制色谱仪器，并进行数据采集和处理的一个系统。它是由硬件和软件两个部分组成。硬件是一台微型计算机以及色谱数据采集卡和色谱仪器控制卡。软件主要包括色谱仪实时控制程序、峰识别和峰面积积分程序、定量计算程序、报告打印程序等。

色谱工作站在数据处理方面的功能有：色谱峰的识别、基线的校正、重叠峰和畸形峰的解析、计算峰参数（包括保留时间、峰高、峰面积、半峰宽等），定量计算组分含量（定量方法有归一化法、内标法、外标法）等。色谱工作站在对重叠峰的数据处理时，一般采用高精度拟合法，有较高的准确度。色谱工作站的软件还有谱图再处理功能，包括对已存储的色谱图整体或局部的调出、检查；色谱峰的加入或删除；对色谱图进行放大或缩小处理；对色谱图进行叠加或相减运算等。

色谱工作站对色谱仪器的实时控制功能包括了色谱仪各单元中单片机具有的所有功能，包括色谱仪器一般操作条件的控制；程序的控制，如气相色谱的程序升温，液相色谱的梯度洗脱等；自动进样的控制，流路切换及阀门切换的控制；自动调零、衰减、基线补偿的控制等。

6. 温控系统

温控系统是用来设定、控制、测量色谱柱箱、汽化室、检测室三处的温度。气相色谱的流动相为气体，试样仅在气态时才能被载气携带通过色谱柱。因此，从进样到检测完毕为止，都必须控温。同时，温度也是气相色谱分析的重要操作变量之一，它直接影响色谱柱的选择性、分离效率和检测器的灵敏度及稳定性。

　　在国产气相色谱仪中，多采用可控硅温度控制器连续控制柱炉的温度。对于沸点范围很宽的混合物，可采用程序升温法分析。所谓程序升温，是指在一个分析周期内，炉温连续地随时间由低温向高温线性或非线性地变化，以使沸点不同的组分各在其最佳柱温下流出，从而改善分离效果，缩短分析时间。

　　汽化室的温度应使试样瞬时汽化而又不分解。在一般情况下，汽化室的温度比柱温高10～50℃。

　　除氢火焰离子化检测器外，所有检测器对温度的变化都很敏感，尤其是热导池检测器，温度的微小变化将影响检测器的灵敏度和稳定性，因此，检测室的控温精度要求优于±0.1℃。

7. 气相色谱仪的使用

（1）Agilent7820A 型气相色谱仪

　　① 仪器简介。Agilent7820A 型气相色谱仪具有直观的用户界面和只有五个控制按钮的控制按键。气路调节无需利用气压表或手动气体控制旋钮，在系统性能提高的同时，也降低了操作误差可能性。具有内置诊断功能，还采用了便捷实用的工业设计，使其维护更方便。具有高灵敏度的检测器适用于各种样品。

图 5-9　Agilent7820A 型气相色谱仪

　　配合使用 EZChrom Elite Compact 软件，能够轻松地在实验室实现 7820A 型气相色谱仪系统的所有功能。EZChrom Elite Compact 是一个快速、功能强大的色谱数据系统，包括高级数据处理、灵活的报告编辑以及从现代色谱工作站所能得到的全部功能。使用该软件可实现一台计算机完全控制两台 7820A 型气相色谱仪。

　　采用安捷伦 7693A 型自动进样器，可以消除手动进样带来的误差，同时提高实验室的分析通量。该自动进样器有多达 16 个 2mL 样品瓶，不仅大幅度提高样品处理灵活性，而且实现了从进样到最终出报告完全自动化。

　　② 仪器面板。Agilent7820A 型气相色谱仪的仪器面板如图 5-9 所示。

（2）气相色谱仪的通用使用方法

　　① 准备工作　检查仪器各个部件是否正常。

　　② 通入载气　打开气源，通入载气。

　　③ 检漏　用肥皂液对接口进行试漏，试漏完毕擦干。

　　④ 开机预热　打开气相色谱仪电源开关，打开色谱工作站开关。

　　⑤ 设置参数　设置柱箱温度、汽化室温度、检测器温度，调节载气流量，设置分析方法。对于 TCD 要设置桥电流。对于 FID 要设置灵敏度，通入助燃气和燃气，立即点火。

　　⑥ 等待基线平衡　等待达到设置温度，等待基线成一平直直线。

　　⑦ 测定　用微量注射器取样，进样后计时，当所有组分出峰后，停止。

　　⑧ 关机　关闭桥电流或燃气助燃气，关闭仪器电源开关，清洗微量注射器。

　　⑨ 关闭载气　关闭载气气源。

四、气相色谱固定相

1. 固体固定相

　　固体固定相有两类，一类是由无机材料制成，另一类是由有机化合物聚合制成。

（1）无机吸附剂

无机材料制成的吸附剂，用于色谱法的有分子筛、硅胶、氧化铝和活性炭。

① 分子筛。是人工合成的硅铝酸盐，化学组成是$[M_2M']O \cdot Al_2O_3 \cdot xSiO_2 \cdot yH_2O$。气相色谱法最常用的分子筛为5A与13X分子筛。5A分子筛适于分离Ar与O_2。13X分子筛则特别适于$C_6\sim C_{11}$烃的族分析。

② 硅胶。属于强极性吸附剂，由硅酸凝胶制成，化学成分是$SiO_2 \cdot nH_2O$。用于分析$C_1\sim C_4$烷烃和SO_2、H_2S、SF_6等气体硫化物。

③ 氧化铝。属于中等极性吸附性，可用于分析低沸点烃类。

④ 碳素。属于非极性吸附性，碳素的化学组成是碳，有活性炭、碳分子筛及石墨化炭黑三种。活性炭由果壳或木材烧制而成，结构为无定形碳（微晶碳），用于分析永久性气体及$C_1\sim C_2$烃类。碳分子筛是将聚偏二氯乙烯高温热解灼烧后得到的残留物。特别适于分析永久性气体、水、低沸点烃、低沸点极性化合物。石墨化炭黑是炭黑在惰性气体中于2500～3000℃煅烧而成的结晶形碳。可用于分析$C_1\sim C_6$醇、酮、酸、酚、胺和硫化合物。

（2）多孔聚合物

由苯乙烯或乙基乙烯苯等单体与交联剂二乙烯苯交联共聚而成。而不同的单体及共聚条件可得多种不同极性与物理结构的聚合物小球；因品种多，可分离的化合物类别也就增多，扩大了原有吸附剂的应用范围，这类产品粒度均匀，形状规则，不易破碎，便于提高填充色谱柱的高效能。

2. 液体固定相

液体固定相由固定液与载体制成。填充柱的载体是固体颗粒，空心管柱是其管柱的内壁。

（1）载体

载体用于承载固定液使之尽可能与流动相多接触。填充柱用载体最基本的要求是：比表面积大和可负荷较多的固定液；粒度均匀、形状规则、不易粉碎；孔径分布均匀，孔结构利于组分传质；化学惰性和热稳定性好。迄今硅藻土类型的制品仍是气相色谱法最佳的载体，特殊情况时才用氟化物、玻璃微球作载体。

① 硅藻土类载体。将硅藻土与一定量的木屑及黏合剂在900℃左右煅烧，粉碎成颗粒就得到红色的硅藻土载体；若是添加碳酸钠和改在1100℃左右煅烧，则得到白色的硅藻土载体。红色硅藻土载体在化学惰性方面不如白色，其他方面则较之更符合载体的基本要求。

硅藻土类载体有吸附性和催化性能，这是由于载体表面上无机杂质生成的酸性或碱性活性基团和表面上硅醇基团所致，故常将制得的载体作进一步处理，如用酸洗除去载体表面上铁等金属氧化物；用碱洗除去表面Al_2O_3等的酸性杂质；用硅烷试剂将硅醇基团进行硅烷化反应；用脱活剂饱和（键合）载体表面的吸附中心；用釉化方法堵塞载体表面的微孔，改变载体的表面性质，以利于色谱分离。白色硅藻土载体的惰性比红色载体好；未处理、酸处理、酸及硅烷化处理的载体其惰性依次较好；特殊制备和处理的高效载体则更好。

② 氟化合物类载体。这类载体主要是聚四氟乙烯和聚三氟乙烯两个品种。用于分析腐蚀性气体或强极性物质。

③ 玻璃微球载体。直接裸露的玻璃微球作载体者不多，因其可负荷的固定液量太少，为此将硅藻土、Fe_2O_3和ZrO_2粉来涂覆在玻璃微球上，形成微孔结构，增大表面积。

（2）固定液

气相色谱固定液主要是一些高沸点的有机化合物。

① 对固定液的要求。

a. 热稳定性好，在操作温度下，不发生聚合、分解或交联等现象，且有较低的蒸气压，以免固定液流失。通常，固定液有一个"最高使用温度"。

b. 化学稳定性好，固定液与试样或载气不能发生不可逆的化学反应。

c. 固定液的黏度和凝固点要低，以便在载体表面能均匀分布。

d. 各组分必须在固定液中有一定的溶解度。

② 固定液分类。在色谱柱操作温度下可使样品中组分彼此分离，且具备以下条件的物质，可作为气相色谱的固定液：能均匀地涂布在载体的表面；不与组分载气、载体发生不可逆化学反应；蒸气压力低、凝固点低、黏度适当；易于重复制备，成分稳定。

以往曾有千种以上物质被作为固定液使用；通过实践的筛选，经常使用的还有 200 多种，其中硅氧烷类和聚酯类化合物占多数。

a. 按固定液的相对极性分类　固定液极性是表示含有不同官能团的固定液，与分析组分中官能团及亚甲基间相互作用的能力。通常用相对极性（P）的大小来表示。这种表示方法规定：β，β 氧二丙腈的相对极性 $P=100$，角鲨烷的相对极性 $P=0$，其他固定液以此为标准通过实验测出它们的相对极性均在 0～100 之间。通常将相对极性值分为五级，每 20 个相对单位为一级，相对极性在 0～+1 间的为非极性固定液（亦可用"-1"表示非极性）；+2、+3 为中等极性固定液；+4、+5 为强极性固定液。

b. 按固定液的化学结构分类　将有相同官能团的固定液排列在一起，然后按官能团的类型不同分类，这样就便于按组分与固定液"结构相似"原则选择固定液。

c. 按固定液的麦克雷诺兹常数分类　固定液对组分的选择性，取决于固定液与组分彼此分子间相互作用的程度，即相互间形成的内聚力、氢键作用力、某些特殊作用力的大小，于是人们常用固定液麦克雷诺兹常数来表征固定液的性质。按固定液英文名称字母顺序和 CP 值大小的顺序，分别编排了固定液麦克雷诺兹常数表，定量地显示出一些固定液的性质，供选用固定液时参考。

③ 固定液的选择。选择固定液应根据不同的分析对象和分析要求进行。一般可以按照"相似相溶"原理进行选择，即按待分离组分的极性或化学结构与固定液相似的原则来选择，其一般规律如下。

a. 分离非极性物质，一般选用非极性固定液。各组分按沸点从低到高的顺序流出色谱柱。

b. 分离极性物质，一般按极性强弱来选择相应极性的固定液。各组分一般按极性从小到大的顺序流出色谱柱。

c. 分离非极性和极性混合物时，一般选用极性固定液。这时非极性组分先出峰，极性组分后出峰。

d. 能形成氢键的试样，如醇、酚、胺和水的分离，一般选用氢键型固定液。各组分按与固定液分子间形成氢键能力大小的顺序流出色谱柱。

e. 对于复杂组分，一般可选用两种或两种以上的固定液配合使用，以增加分离效果。

f. 对于含有异构体的试样（主要是含有芳香型异构部分），一般应选用特殊保留作用的有机皂土或液晶作固定液。

3. 填充柱的制备

色谱柱分离效能的高低，不仅与选择的固定液和载体有关，而且与固定液的涂渍和色谱柱的填充情况有密切的关系。因此，色谱柱的制备是色相气谱法的重要操作技术之一。

气-液色谱填充柱的制备过程主要包括四个步骤：柱管的清洗、固定液的涂渍、固定相的填充、色谱柱的老化。

总的来说，装填充柱有两点要求：一是将固定相填充均匀、紧密、减少空隙和死空间；二是填充时不得敲打过猛，以免造成载体机械粉碎，致使柱性能变坏。填充操作多采用抽空装柱法，即将柱出口接真空泵抽气，固定相从入口倾入（安装色谱柱时，检测器与抽真空端相连，注意不要接反，否则固定相将在柱中移动，使柱效发生变化），为防止潮湿空气进入，可接 $CaCl_2$ 和硅胶干燥塔。填充沸点较低的固定相，则不宜用泵抽装柱，一般采用边装边敲打的手工法填装。

老化色谱柱的目的是除去管柱内剩余的溶液、固定液的低沸程馏分及易挥发的杂质，同时使固定液更均匀地分布于载体或管壁上。老化的方法多采用气体流动法：将柱入口与进样室相连，出口勿接检测器，通以载气，以 $2\sim4℃/min$ 升温至低于固定液最高使用温度 $20\sim30℃$，老化 $12\sim24h$，获得平稳基线，则表明老化已合格。

五、气相色谱检测器

1. 热导池检测器

热导池检测器（TCD）是一种结构简单、性能稳定、线性范围宽、对无机和有机物质都有响应、灵敏度适宜的检测器，因此在气相色谱中得到广泛的应用。

热导池的测量是根据各种物质和载气的热导率不同，采用热敏元件进行检测的。

（1）热导池的测量电路

热导池检测器的一个孔道在柱前让纯载气通过，称为参考池；另一个孔道接在柱后，让载气和色谱柱分离后的试样气流经过，称为测量池。设两池孔道中热敏元件的电阻分别为 R_1 和 R_4，且 $R_1=R_4$，它们再与两个阻值相等的 R_2 和 R_3 固定电阻构成一个惠斯顿电桥，如图 5-10 所示，即可用于测量。这种装置称为二臂热导池。为了使灵敏度提高一倍，也可将 R_2 和 R_3 以热敏元件代替，分别作为测量池和参考池，构成四臂热导池。

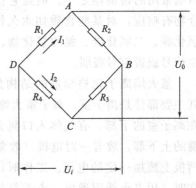

图 5-10　惠斯顿电桥

热导池检测器的结构如图 5-11 所示。当纯载气以一定的速度进入两臂，经过一段时间后，热导池便达到了热平衡，使电桥也处于平衡状态。此时，记录仪上记录的是一条直线——基线。当试样进入测量池时，由于二元混合气体的热导率不同于纯载气的热导率，故引起测量池中热敏电阻丝上的温度发生变化，其阻值也随之改变，此时，破坏了电桥的平衡，A、C 两点间的电位不再相等，记录仪上出现了峰信号。

（2）影响热导池灵敏度的因素

热导池检测器是一种检测柱流出物把热量从电热丝上传走的速率的装置，因此从电热丝上带走热量的效率越快，其灵敏度就越高。由此可知，影响灵敏度的主要因素有：桥路电流、载气、热敏元件的电阻值及电阻温度系数、池体温度等。

一般来说，热导池的灵敏度和桥电流的三次方呈正比；因此，提高桥电流可迅速地提高灵敏度，但电流不可太大，否则会造成噪声加大，基线不稳，数据精度降低，甚至使金属丝

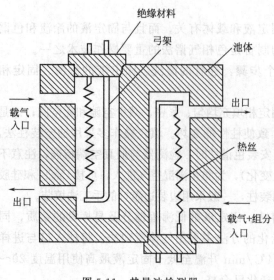

图 5-11　热导池检测器

氧化烧坏。

通常载气与试样气的热导率相差越大，灵敏度越高。由于被测组分的热导率一般都比较小，故应选用热导率高的载气。常用载气的热导率大小顺序为 $H_2 > He > N_2$。在使用热导池检测器时，为了提高灵敏度，一般选用 H_2 为载气。

热导池检测器的灵敏度正比于热敏元件的电阻值及其电阻温度系数。因此应选择阻值大和电阻温度系数高的热敏元件，如钨丝、锌钨丝等。

当桥电流和钨丝温度一定时，如果降低池体温度，将使池体与钨丝的温度差变大，从而可以提高热导池检测器的灵敏度。但是，检测器的温度应略高于柱温，以防组分在检测器内冷凝。

2. 氢火焰离子化检测器

氢火焰离子化检测器（FID）简称氢焰检测器。它具有结构简单、灵敏度高、死体积小、响应快、线性范围宽、稳定性好等优点，是目前常用的检测器之一。但是它仅对含碳有机化合物有响应，对某些物质如永久性气体、水、一氧化碳、二氧化碳、氮的氧化物、硫化物等不产生信号或者信号很弱。

氢火焰离子化检测器的结构如图 5-12 所示，其主要部件是离子室。离子室大都用不锈钢制成。在离子室的下部，有气体入口氢火焰喷嘴，在喷嘴的上下部，放有一对电极（收集阳极和阴极），两极上施加一定的电压。工作时，首先在空气存在时，用点火线圈通电，点燃氢焰。当被测组分由载气带出色谱柱后，与氮气在进入喷嘴前混合，然后进入离子室火焰区，生成正负离子。在电场作用下，它们分别向两极定向移动，从而形成离子流。此离子流即基流，经放大后送至记录仪记录。

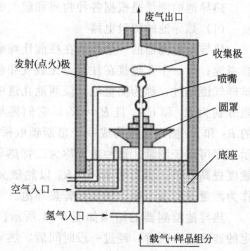

图 5-12　氢火焰离子化检测器

3. 电子捕获检测器

电子捕获检测器（ECD）在应用上是仅次于热导池和氢火焰的检测器。它只对具有电负性的物质，如含有卤素、硫、磷、氮的物质有响应，且电负性越强，检测灵敏度越高，一般可达 10^{-14} g/mL。

电子捕获检测器的结构如图 5-13 所示。在检测器池体内，装有一筒状放射源 ^{3}H 或 ^{63}Ni 为负极，不锈钢棒为正极。在两极间施加直流或脉冲电压。当载气进入检测池后，放射源的 β 射线将其电离为游离基和低能电子，这些电子在电场作用下，向正极运动，形成恒定的电流，即基流。当电负性物质进入检测器后，就能捕获这些低能电子，从而使基流下降，产生负信号——倒峰。

不难理解，被测组分的浓度越大，倒峰越大；组分中电负性元素的电负性越强，捕获电子的能力越大，倒峰也越大。

电子捕获检测器具有高灵敏度和高选择性。它经常用来分析痕量的具有电

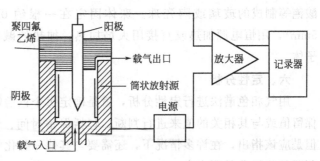

图 5-13　电子捕获检测器

负性元素的组分，如食品、农副产品中的农药残留量，大气、水中的痕量污染物等。电子捕获检测器是浓度型检测器，其线性范围较窄（$10^{-2} \sim 10^{-4}$），因此，在定量分析时应特别注意。

4. 火焰光度检测器

火焰光度检测器（FPD）又叫硫磷检测器，是应用火焰光度法的原理，检测含硫、磷的有机化合物。它具有高选择性和高灵敏度。

火焰光度检测器的结构如图 5-14 所示。含硫、磷的有机化合物在富氢焰中反应，形成具有化学发光性质的 S_2^*、HPO 碎片，分别发射出波长为 394.526nm 的特征光。采用双光路火焰光度检测器，可以同时检测硫磷化合物。

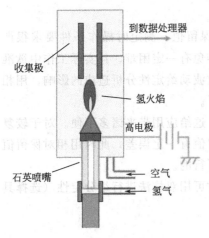

图 5-14　火焰光度检测器

在火焰光度检测器上，有机硫、磷的检测限比碳氢化合物低 1 万倍，因此可以排除大量的溶剂峰和碳氢化合物的干扰，非常有利于痕量磷、硫化合物的分析，但是火焰光度检测器在检测限和线性范围上都要比硫化学发光检测器差。它广泛用于空气和水污染物、农药及煤的氢化产品等的分析。

此外，火焰光度检测器还能检测其他元素，如卤素、氮、锡、铬、硒及锗等。

5. 热离子化检测器

热离子化检测器（NPD）又称氮磷检测器，对含磷、氮的有机化合物有响应。它对磷原子的响应大约比对氮原子的响应大 10 倍，而比碳原子大 $10^4 \sim 10^6$。热离子化检测器对含磷、含氮化合物的检测灵敏度，比氮火焰离子化检测器分别大 500 倍和 50 倍。因此，热离子化检测器可以测定痕量含氮和含磷有机化合物（如许多含磷的农药和杀虫剂），是一种高灵敏度、高选择性、宽线性范围的新型检测器。

热离子化检测器的结构如图 5-15 所示，与氢火焰离子化检测器相似，只是在喷嘴与收集极之间加一个碱盐源。碱盐源是硅酸钾或硅

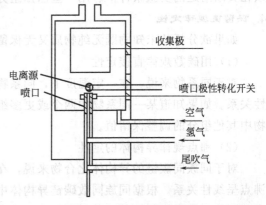

图 5-15　热离子化检测器

酸铯等制成的玻璃或陶瓷珠。珠体固定在一根约 0.2mm 直径的铂金丝上，体积为 1～5mm³，用恒电源加热或直接用火焰加热。加热的碱盐源形成一温度为 600～800℃ 的等离子体。

六、定性分析

用气相色谱法进行定性分析，就是确定每个色谱峰代表何种物质。具体说来，就是根据保留值或与其相关的值来进行判断，包括保留时间、保留体积、保留指数及相对保留值等。但是应该指出，在许多情况下，还需要与其他一些化学方法或仪器方法相配合，才能准确地判断某些组分是否存在。

1. 直接定性法

在完全相同的色谱分析条件下，比较样品色谱峰和纯组分的流出时间是否相同，或将纯组分加入样品后进行色谱分析，观察哪个色谱峰的高度有变化，均可以直接对色谱峰作出定性的判断。完全相同的色谱条件常不易得到，因此当某种条件改变了，就要采用相应的其他定性指标鉴别色谱峰。

2. 相对保留值定性法

用上述绝对保留值定性时，为了测得重现性很好的保留值，测定时操作条件要求很严格，如要求进样速度、载气流量、柱温等重复不变，这难免有一定困难，且实际工作中欲准确知道柱中固定液质量，也不是易事。为了减少操作参数波动给定性分析造成的影响，用相对保留值对混合物组分色谱峰定性，就比较有利和方便了。

文献中相对保留值数据所选用的参比物质不尽相同，这给应用带来诸多不便。对于较复杂的混合物，相邻流出峰之间的差距很小，所测量的保留值有一定误差，此时用相对保留值定性有发生错误的可能性，当然，用作初步的判据还是可行的。

由于不同物质在同一色谱柱上保留值可能相同，此时可用双柱法进行组分定性（选择具有不同极性或氢键缔合能力的色谱柱）。

3. 保留指数法

由于现在气相色谱仪和色谱柱的品质很优秀，可获得准确性和重复性很好的保留指数。特别是有化学交联的石英空心柱，用非极性的空心柱测定的非极性化合物之保留指数可重复在 1 个保留指数单位以内，极性的空心柱测定极性化合物在 2 个保留指数单位。因此只要色谱柱固定相和柱温相同，就可以用文献发表的保留指数判定色谱峰，而不必用纯样。当然，须在文献给定的实验条件下、用一些已知组分进行验证，以确定该文献值的可信程度。

4. 保留值规律定性

如果欲分析的未知物既无纯物质又无保留值数据时，常可利用色谱保留值规律来定性。

（1）用碳数规律直接定性

对于同系物来说，在一定温度下，同系物的调整保留时间的对数与分子中碳原子数呈线性关系。如果知道某一同系物中两个或更多组分的调整保留值，则可根据上述关系推知同系物中其他组分的调整保留值。

（2）沸点规律异构体的定性

对于同族同碳链的异构体化合物来说，在一定温度下，其调整保留时间的对数和它们的沸点呈线性关系。根据同族同数碳链异构体中几个已知组分的调整保留时间的对数值，就能求得同族中其有相同碳数的其他异构体的调整保留时间。

5. 保留指数定性

目前文献上报道的定性分析数据，主要是相对保留值和保留指数。

保留指数用 I 表示。它规定：正构烷烃的保留指数为其碳数乘 100。如正己烷和正辛烷的保留指数分别为 600 和 800。至于其他物质的保留指数，则可采用正构烷烃为参比物进行测定。测定时，将碳数为 Z 和 $Z+1$ 的正构烷烃加于试样 X 中进行分析。若测得它们的调整保留时间，则组分 X 的保留指数可按式(5-12)计算：

$$I = 100 \left[Z + \frac{\lg t'_{R(X)} - \lg t'_{R(Z)}}{\lg t'_{R(Z+1)} - \lg t'_{R(Z)}} \right] \tag{5-12}$$

同系物组分的保留指数之差一般应为 100 的整数倍。一般说来，除正构烷烃外，其他物质保留指数的 1/100，并不等于该化合物的含碳数。

七、定量分析

1. 气相色谱定理的理论依据

气相色谱的检测信号峰高或峰面积，均可用于定量和半定量分析。在严格控制操作条件下，气相色谱定量分析的相对标准偏差可达 1%～3%。

在一定的色谱条件下，组分 i 的质量（m）或其在流动相中的浓度，与检测器响应信号（峰面积 A 或峰高 h）呈正比。

$$m = fA \tag{5-13}$$

式中，f 为绝对校正因子。式(5-13)是色谱定量分析的依据。

2. 响应信号的测量

色谱峰的峰高是其峰顶与基线之间的距离，测量比较简单，特别是较窄的色谱峰。

测量峰面积的方法分为手工测量和自动测量两大类。现代色谱仪中一般都装有准确测量色谱峰面积的电学积分仪。如果没有积分装置，可用手工测量，再用有关公式计算峰面积。对于对称的峰，近似计算公式为：

$$A = 1.065 h W_{1/2} \tag{5-14}$$

峰面积的大小不易受操作条件如柱温、流动相的流速、进样速度等的影响，从这一点来看，峰面积更适于作为定量分析的参数。

3. 定量校正因子

（1）绝对校正因子

绝对校正因子是指某组分 i 通过检测器的量与检测器对该组分的响应信号之比。很明显，绝对校正因子受仪器及操作条件的影响很大，故其应用受到限制。在实际定量分析中，一般常采用相对校正因子。

$$f = \frac{m}{A} \tag{5-15}$$

（2）相对校正因子

相对校正因子是指组分 i 与基准组分 s 的绝对校正因子之比。必须注意，相对校正因子是一个无量纲量，但它的数值与采用的计量单位有关。由于绝对因子很少使用，因此，一般文献上提到的校正因子，就是相对校正因子。

$$f'_{i/s} = \frac{f_i}{f_s} \tag{5-16}$$

4. 定量分析方法

色谱法一般采用归一化法、外标法、内标法和进行定量分析。

（1）归一化法

归一化法是主要用于色谱法的一种定量方法。它是将试样中所有组分的含量之和按 100％计算，以它们相应的色谱峰面积或峰高为定量参数，通过公式（5-17）计算各组分的质量分数。

$$w_i = \frac{m_i}{m} = \frac{f_i A_i}{\sum f_i A_i} \times 100\% \qquad (5\text{-}17)$$

由式（5-17）可见，这种方法的条件是：经过色谱分离后，试样中所有的组分都要能产生可测量的色谱峰。

归一化法操作简便、准确；操作条件（如进样量、流速等）变化时，对分析结果影响较小。常用于常量分析，尤其适合于进样量少而其体积不易准确测量的液体试样。

【例 5-2】 工业正丁醇中正丁醇含量的测定：按照色谱操作条件调整仪器，等待基线稳定。用微量注射器进样 5μL，量取各组分峰面积如下，用校正面积归一化法计算。求样品中各组分的含量。

组 分	异丁醇	正丁醇	异戊醇	辛醇
校正因子 f	0.98	1.00	1.01	1.05
峰面积 $A/\mu V \cdot s$	728	585983	1241	539

解：根据 $w_i = \dfrac{m_i}{m} = \dfrac{f_i A_i}{\sum f_i A_i} \times 100\%$，将各数据代入，求得异丁醇的含量为：

$$w = \frac{0.98 \times 728}{0.98 \times 728 + 1.00 \times 585983 + 1.01 \times 1241 + 1.05 \times 593} \times 100\% = 0.12\%$$

同理，正丁醇：$w=99.57\%$，异戊醇：$w=0.21\%$，正辛醇：$w=0.10\%$。

（2）外标法

外标法即标准曲线法。先用组分的纯物质配制一系列不同浓度的标准样，进行色谱分析。作出峰面积对浓度的工作曲线，然后在相同的色谱条件下，注射相同量的试样进行色谱分析。求出峰面积，根据工作曲线查得组分的含量。

此方法虽然操作简单，计算方便，但色谱分析所用条件必须严格一致，且要求配制标准样物质的色谱纯度很高。适于工厂控制分析和自动分析。

【例 5-3】 生活饮用水地表水水源中苯系物含量的测定：按照色谱操作条件调整仪器，等待基线稳定。取苯系物的色谱标准试剂用蒸馏水配成 2mg/L、4mg/L、6mg/L、8mg/L、10mg/L 浓度系列，放入 250mL 分液漏斗中，加 5mL 二硫化碳，振摇 2min，静置分层后，分离出有机相，待用。用二硫化碳润洗 10μL 微量注射器，取 5.0μL 标准萃取液溶液注入色谱仪中，记录色谱图。以标准样品的浓度为横坐标，以色谱峰的峰面积为纵坐标，绘制工作曲线。用待分析试样的萃取液润洗 10μL 微量注射器，取 5.0μL 试样萃取液注入色谱仪中，记录色谱图。

项 目	标准系列					试样		
标准系列浓度/(mg/L)	2	4	6	8	10			
峰面积/$\mu V \cdot s$	15272	30479	45723	61725	76471	51429	50814	51036

求试样中苯系物的浓度。

解：绘制峰面积-浓度工作曲线如图 5-16 所示。

从工作曲线上可查得试样中苯的浓度为 $\rho_1 = 6.6 mg/L$。

（3）内标法

当只需测定试样中某几个组分，或试样中所有组分不可能全部出峰时，可采用内标法。准确称取试样，加入一定量某种纯物质作为内标物，然后进行色谱分析，再由被测物和内标物在色谱图上相应的峰面积（或峰高）和相对校正因子，求出某组分的含量。

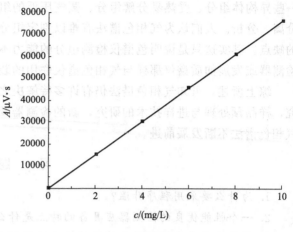

图 5-16　工作曲线

$$w_i = \frac{m_i}{m} = f'_{i/s} \frac{A_i m_s}{A_s m} \times 100\% \quad (5\text{-}18)$$

式中，m_i 和 m_s 分别为内标物质量和试样质量，A_i 和 A_s 分别为被测组分和内标物的峰面积，f 为被测组分相对于内标物的相对质量校正因子。

内标法定量准确，只需欲测定的组分能从色谱柱流出和被检测器检出即可定量。选作内标物的物质、只要求其能与样品互溶和能与所有组分完全分离。内标物的浓度宜与被测组分浓度相近，且内标物的色谱峰的位置，最好邻近待测组分色谱峰。缺点是操作麻烦。

【例 5-4】　焦化甲苯中烃类杂质含量的测定：按照色谱操作条件调整仪器，等待基线稳定。分别取 $80\mu L$ 正癸烷和 $10mL$ 试样注入带塞容量瓶中，用增量法称量容量瓶的质量，求得正癸烷的质量为 0.0695g，试样的质量为 8.729g，混合均匀。注入 $1\mu L$ 试样，并记录色谱图。求各杂质的百分含量。

组　　分	非芳烃	苯	正癸烷	乙苯
校正因子 f	0.96	1.17	1.00	1.02
峰面积 $A/\mu V \cdot s$	7281	51883	42738	22957

解：根据 $w_i = \frac{m_i}{m} = f'_{i/s} \frac{A_i m_s}{A_s m} \times 100\%$，将各数据代入，求得非芳烃为：

$$w_i = f'_{i/s} \frac{A_i m_s}{A_s m} \times 100\% = \frac{0.96}{1.00} \times \frac{7281 \times 0.0695}{42738 \times 8.729} \times 100\% = 0.13\%$$

同理，苯：$w = 1.13\%$，乙苯：$w = 0.44\%$。

八、特点和应用

人们现在公认气相色谱法具有的优点、特点如下。

① 分离效率高，分析速度快。许多常规样品，用长约 2m 的填充柱就可奏效；用 50m 长涂有 OV-101 的空心柱，在 2h 内可将汽油样品分离出 200 多个色谱峰。

② 选择性好。选用适当的固定相和柱温等操作条件，一些物理、化学性质相近的组分可被分离开。如恒沸混合物、沸点相近的物质、简单的同位素、同分异构体、空间异构体、旋光异构体等，均可被分离开。

③ 样品用量少和检测灵敏度高。如气体样品量可为 1mL，液体样品量为 $0.1\mu L$，固体样品量为 $n\mu g$；用电子俘获检测器与氮磷检测器可测定出几皮克含氯、含氮组分。

④ 操作简单，费用低，应用广泛。如今石油化工、环境保护、临床医学、农药、食品已成为主要应用领域。

气相色谱法是分析有机化合物不可缺少的一种分析手段。当然，它也有其局限性，如对一些异构体组分、受热易分解组分、蒸气压低的组分就可能无能为力，或需要衍生化后才能分离、分析。人们认为气相色谱法有难以判定组分是何物质，需要用纯样品进行定性、定量的缺点。其实这只是说明色谱仪检测组分的能力不足，尚需进一步开发能解决此问题的色谱检测器或发展如质谱仪那样与气相色谱仪联用的装置和方法。

综上所述，可知气相色谱法仍有许多待解决之处。今后宜注重发展色谱过程热力学的研究，样品预处理与进样技术的研究，新的检测器及联用仪器的研究，智能色谱法的研究，使气相色谱法不断发展前进。

习　题

1. 为什么要采用程序升温？

2. 一个性能优良的检测器应具备的特点是什么？

3. 你能自己总结一下什么情况下应该使用何种检测器吗？

4. 为什么在热导检测器上有进样信号，而在氢火焰离子化没有进样信号？

5. 请用色谱基本理论来解释对载体和固定液应该具有的要求？

6. 用气相色谱法分析苯中微量水，分析氧气和氮气，可选用下列固定相中哪一种，并说明原因。（1）分子筛；（2）高分子多孔微球；（3）氧化铝；（4）硅胶。

7. 用邻苯二甲酸二壬酯作固定液，分离二氯甲烷、三氯甲烷和四氯化碳，预测出峰次序并说明其原因。

8. 根据麦克雷诺兹常数来选择下面样品的合适固定液：（1）苯乙酮和苯甲醇；（2）乙醇中痕量苯。

9. 样品含水、甲醇、乙醛、乙醚、乙醇、1-丙醇，请问选用何种固定液为佳？预测它们可能的出峰次序，并解释原因。

10. 在一色谱柱上 A、B 两组分的保留时间分别为 12.9min 和 14.2min，峰宽分别为 0.43min 和 0.48min，试求该柱的理论塔板数。

11. 色谱柱长为 2m，测得某组分色谱峰的保留时间为 8.58min，峰底宽为 52s，计算该色谱柱的理论塔板数及理论塔板高度。

12. 为了测定氢火焰离子化监测器的灵敏度，注入 $0.5\mu L$ 含苯 0.05% 的二硫化碳溶液，测得苯的峰高为 12cm，半峰宽为 0.5cm，记录器的灵敏度为 0.2mV/cm，纸速为 1cm/min，求检测器的灵敏度 S（苯的密度为 $0.88g/cm^3$）。

13. 在一根理论塔板数为 9025 的色谱柱上，测得异辛烷和正辛烷的调整保留时间为 840s 和 865s，则该分离柱分离上述二组分所得到的分离度为多少？

14. 一色谱图上有六个色谱峰，各峰从进样开始至峰极大值间的距离如下：

组分烷	空气	正己烷	环己烷	正庚烷	甲苯	正辛烷
距离/cm	2.20	8.50	14.60	15.90	18.70	31.50

试计算甲苯和环己烷的保留指数。

15. 用热导检测器分析仅含乙二醇、丙二醇和水的某试样，测得结果如下：

组　分	乙二醇	丙二醇	水
峰高/mm	87.9	18.2	16.0
半峰宽/mm	2.0	1.0	20
相对校正因子	1.0	1.16	0.826

求各组分的质量分数。

16. 用内标法测定二甲苯氧化母液中的乙苯和二甲苯异构体，该母液中含有杂质甲苯和甲酸等，称取样品 0.2728g，加入内标物正壬烷 0.0228g，测得结果如下：

组　　分	正壬烷	乙苯	对二甲苯	间二甲苯	邻二甲苯
相对校正因子	1.02	0.970	1.00	0.960	0.980
峰面积/mm²	0.890	0.741	0.906	1.42	0.880

试求样品中乙苯和二甲苯各异构体的质量分数。

17. 用气相色谱法测定样品中 A 组分的含量，用 A 组分的纯物质和内标物配制溶液，使含物质 A 为 600mg/mL，内标物 700mg/mL，进样得峰高为 14.15cm 和 14.62cm。称取样品 0.2500g，配成溶液，加入内标 4.00mg，进样，得组分 A 峰高 21.87cm，内标峰高 19.96cm，求样品中组分 A 的含量。

情境六

委托样品检验（综合）

一、采用国标

GB/T 223—2008 钢铁及合金化学分析方法。

GB 3838—2002 地表水环境质量标准。

GB/T 5009—2003 食品卫生检验方法。

GB 5461—2000 食用盐。

GB 5749—2006 生活饮用水卫生标准。

GB 6730—1986 铁矿石化学分析方法。

GB 8537—2008 饮用天然矿泉水。

GB 15618—1995 土壤环境质量标准。

二、任务内容

要求员工任选一个样品，利用现有的分析仪器，完成不少于 6 种指标的检测。

三、任务时间

利用实验室开放时间准备所需要的仪器和试剂，在 2 周内完成以上任务。

四、考核方法

从实验准备、任务难度、实验操作水平、检验结果准确度等方面进行综合考核。

附录1 样品交接单

石化质量检验中心
《仪器分析技术》项目化教学任务样品交接单

样品编号:辽检(　　)字(2012)第　　　号

样品名称		检验类别	
保存条件		保质/存期	
生产单位		规格	
受检单位		包装	
委托单位		样品数量	
采样地点		样品性状	
检验依据			
收样日期		批号	
报告日期		商标	
检验项目			

委托人签字:　　　　　　　　　　　　　接收人签字:

附录 2　任务单

石化质量检验中心
《仪器分析技术》项目化教学任务单

姓名		学号		班级		日期	
任务						成绩	

一、使用标准

二、教学目的

三、制订实施方案

1. 仪器与实际

分析仪器	型号	玻璃仪器	规格	化学试剂	化学试剂
①		①		①	⑥
②		②		②	⑦
③		③		③	⑧
④		④		④	⑨
⑤		⑤		⑤	⑩

2. 溶液配制方法

溶液名称	溶液浓度	称量质量	使用试剂	使用溶剂	玻璃仪器	配制方法	配制体积

注：玻璃仪器为容量瓶或烧杯；配制方法为稀释定容或溶解稀释。

石化质量检验中心
《仪器分析技术》项目化教学任务单

3. 仪器的使用方法

| ① | → | ② | → | ③ | → | ④ |

→ | ⑤ | → | ⑥ | → | ⑦ | → | ⑧ |

4. 测定步骤

① 样品处理 → □ → □ → □

② 样品测定 → □ → □ → □

③ 数据处理 → □ → □ → □

四、数据处理

计算公式：

_____

数据指标：

_____

质量指标：

_____

五、理论学习

_____

六、拓展应用

附录3　任务考核评分表

石化质量检验中心
《仪器分析技术》项目化教学任务考核评分表

任务名称：　　　　　日期：　　　　　指导教师：

考核项目			汇报布置							样品测定							数据			拓展					合计
编号	姓名	小组	出勤	资料	语言	PPT	经济	问答	安全	操作	操作	态度	合作	素质	环保	纪律	报告	报告	报告	问答	资料	解题	劳动	报告	
			5	5	5	5	2	5	2	5	5	10	5	5	2	2	3	4	3	5	5	5	2	10	
1		1																							
2		1																							
3		1																							
4		2																							
5		2																							
6		2																							
7		3																							
8		3																							
9		3																							
10		4																							
11		4																							
12		4																							
13		5																							
14		5																							
15		5																							
16		6																							
17		6																							
18		6																							
19		7																							
20		7																							
21		7																							
22		8																							
23		8																							
24		8																							
25		9																							
26		9																							
27		9																							
28		10																							
29		10																							
30		10																							

附录4 任务考核评分标准

石化质量检验中心
《仪器分析技术》项目化教学任务考核评分标准

考核内容	课前	汇报布置						样 品 测 定							数据			拓展			课后	
	出勤5	资料5	语言5	PPT5	经济2	问答5	安全2	操作5	操作5	态度10	合作5	素质5	环保2	纪律2	报告3	报告4	报告3	问答5	资料5	解题5	劳动2	报告10
编号	1	4	6	9	13	5	14	7	7	2	11	10	12	16	3	3	3	5	4	8	15	3
加分标准		字迹工整+2	语言流利+2	美观清晰+2	选择试剂用量合理+1	提问+1、回答+1	能分析安全事故原因+1	熟悉仪器操作步骤+1、操作有条理性+1	操作规范+1	认真参与+1	任务分配合理+2	行为稳重+1、物品有序+1			字迹工整+1	字迹工整+1	字迹工整+1		项目内容齐全+2	发现问题+1、解决问题+1		字迹工整+1、体会真实+1
基础得分	5	3	3	3	1	0	1	3	3	6	3	3	2	2	2	3	2	5	3	0	2	8
扣分标准	矿工-5、早退-2、迟到-1、离岗-1	无任务单-3、项目内容错误-1	不汇报方案-3	缺少内容-1	浪费药品-1		不关电源、不拔插头、不关水龙头-1	操作错误-1	操作错误-1	不参与操作-1	无任务-1	台面混乱-1、不佩戴工作证-1、不穿工作服-1	乱扔垃圾-1	打闹说笑睡觉-1	数据记录错误-1、表格项目不全-1	公式错误-1、结果错误-1、有效数字错误-1	涂改字迹、项目填写不全-1	不能提出问题-5、回答问题错误-1、英语术语错误-1	无拓展应用-3		不劳动-2、不认真-1	内容混乱-1、内容缺失-1

附录5 检验报告

文件编码：——————

2011060001Z   No. CNAS L001   （2012）国∣认监验字 001 号

检 验 报 告

辽检（   ）字（2012）第   号

产品名称：_____

受检单位：_____

检验类别：_____

石化质量检验中心

石化质量检验报告
检 验 报 告

辽检( )字(2012)第 号　　　　　　　　　　　　　　共 页 第 页

产品名称		规格型号	
受检单位		商标	
委托单位		检验类别	
地址		原编号或 生产日期	
生产单位		抽样基数 /批量	
抽样地点		抽样日期	
抽样单编号		样品等级	
抽样人		到样日期	
样品状态		抽样数量	
检验依据		备样数量	
检验日期		检验数量	
检验项目			
主要仪器设备 （规格型号）			
检验结论		 签发日期：　年　月　日	
备注			

批准：　　　　　　　审核：　　　　　　　主检：

石化质量检验中心
检验报告附页

辽检(　　)字(2012)第　　号　　　　　　　　　　　　　　　　共　页　第　页

检验项目名称	技术要求	检验结果	单项判定
注:单项判定中,"√"表示合格,"×"表示不合格。			

附录6 考核方案

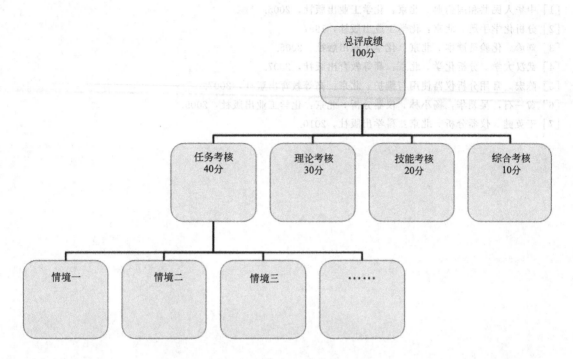

参 考 文 献

[1] 中华人民共和国药典. 北京：化学工业出版社，2005.

[2] 分析化学手册. 北京：化学工业出版社，1997.

[3] 刘珍. 化验员读本. 北京：化学工业出版社，2005.

[4] 武汉大学. 分析化学. 北京：高等教育出版社，2007.

[5] 陈宏. 常用分析仪器使用与维护. 北京：高等教育出版社，2007.

[6] 黄一石，吴朝华，杨小林. 仪器分析. 北京：化学工业出版社，2009.

[7] 王英健. 仪器分析. 北京：科学出版社，2010.